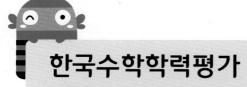

한국수학학력평가
KMA (Korean Mathematics Ability Evaluation)

KB085879

KMA 특징

현직 교수, 박사급 출제위원!

1:1 KMA 평가 전문 상담!

교과 기본/응용/심화 + 창의 사고력 도전 평가 빅데이터 결과분석

KMA 한국수학학력평가는 개개인의 현재 수학실력에 대한 면밀한 정보를 제공하고자 인공지능(AI)을 통한 빅데이터 평가 자료를 기반으로 문항별, 단원별 분석과 교과 역량 지표를 분석합니다. 또한 이를 바탕으로 전체 응시자 평균점과 상위 30 %, 10 % 컷 점수를 알고 본인의 상대적 위치를 확인할 수 있습니다.

KMA 한국수학학력평가는 단순 점수와 등급 확인을 위한 평가가 아니라 미래사회가 요구하는 수학 교과 역량 평가지표 5가지 영역을 평가함으로써 수학실력 향상의 새로운 기준을 만들었습니다.

KMA 한국수학학력평가는 평가 후 희망 학부모에 한하여 진단 상담 신청서와 상담 예약서를 작성하여 자녀의 수학학습에 관한 1 : 1 상담을 받을 수 있습니다.

2   KMA/KMAO 평가 일정 안내

구분	일정	내용
한국수학학력평가(상반기 예선)	매년 6월	상위 10% 성적 우수자에 본선 진출권 자동 부여
한국수학학력평가(하반기 예선)	매년 11월	
왕수학 전국수학경시대회(본선)	매년 1월	상반기 또는 하반기 KMA 한국수학학력평가에서 상위 10% 성적 우수자 대상으로 본선 진행

※ 상기 일정은 상황에 따라 변동될 수 있습니다.

3   KMA 시험 개요

참가 대상	초등학교 1학년~중학교 3학년
신청 방법	해당지역 접수처에 직접신청 또는 KMA 홈페이지에 온라인 접수
시험 범위	초등 : 1학기 1단원~5단원(단, 초등 1학년은 4단원까지)
	중등 : KMA홈페이지(www.kma-e.com) 참조

※ 초등 1, 2학년 : 25문항(총점 100점, 60분)   ▶ 시험지 內 답안작성
※ 초등 3학년~중등 3학년 : 30문항(총점 120점, 90분)   ▶ OMR 카드 답안작성

4   KMA 평가 영역

KMA 한국수학학력평가에서는 아래 5가지 수학교과역량을 평가에 반영하였습니다.

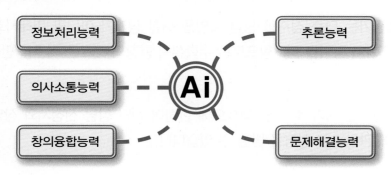

5 KMA 평가 내용

| 교과서 기본 과정
(10문항) | 해당학년 수학 교과과정에서 기본개념과 원리에 기반 한 교과서 기본문제 수준으로 수학적 원리와 개념을 정확히 알고 있는지를 측정하는 문항들로 구성됩니다. |

| 교과서 응용 과정
(10문항) | 해당학년 수학 교과과정의 수학적 원리와 개념을 정확히 알고 기본문제에서 한 단계 발전된 형태의 수준으로 기본과정의 개념과 원리를 다양한 상황에 적용하고 응용 할 수 있는지를 측정하는 문항들로 구성됩니다. |

| 교과서 심화 과정
(5문항) | 해당학년의 수학 교과과정의 내용을 정확히 알고, 이를 다양한 상황에 적용하고 응용하는 능력뿐만 아니라, 문제에서 구하는 내용과 주어진 조건과의 상호 관련성을 파악하여 문제를 해결할 수 있는지를 측정하는 문항들로 구성됩니다. |

| 창의 사고력 도전 문제
(5문항) | 학습한 수학내용을 자유자재로 문제상황에 적용하며, 창의적으로 문제를 해결할 수 있는 수준으로 이 수준의 문항은 학생들이 기존의 풀이방법에서 벗어나 창의성을 요구하는 비정형 문항으로 구성됩니다. |

※ 창의 사고력 도전 문제는 초등 3학년~중등 3학년만 적용됩니다.

6 KMA 평가 시상

	시상명	대상자	시상내역
개 인	금상	90점 이상	상장, 메달
	은상	80점 이상	상장, 메달
	동상	70점 이상	상장, 메달
	장려상	50점 이상	상장
학 원	최우수학원상	수상자 다수 배출 상위 10개 학원	상장, 상패, 현판
	우수학원상	수상자 다수 배출 상위 30개 학원	상장, 족자(배너)
	우수지도교사상	상위 10% 성적 우수학생의 지도교사	상장

※ 상위 10% 이내 성적 우수자에 본선(KMAO 왕수학 전국수학경시대회) 진출권 부여

KMA OMR 카드 작성시 유의사항

1. 모든 항목은 컴퓨터용 사인펜만 사용하여 보기와 같이 표기하시오.
   보기) ① ● ③
   ※ 잘못된 표기 예시 : ⊘ ⊗ ⊙ ⊘
2. 수정시에는 수정테이프를 이용하여 깨끗하게 수정합니다.
3. 수험번호란과 생년월일란에는 감독 선생님의 지시에 따라 아라비아 숫자로 쓰고 해당란에
3. 표기하시오.
4. 답란에는 아라비아 숫자를 쓰고, 해당란에 표기하시오.
   ※ OMR카드를 잘못 작성하여 발생한 성적 결과는 책임지지 않습니다.

OMR 카드 답안작성 예시 1 한 자릿수	예1) 답이 1 또는 선다형 답이 ①인 경우

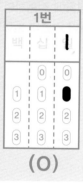 (O)　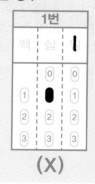 (X)　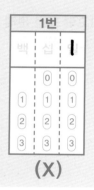 (X)

OMR 카드 답안작성 예시 2 두 자릿수	예2) 답이 12인 경우

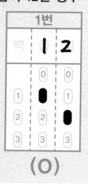 (O)　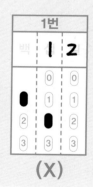 (X)　 (X)

OMR 카드 답안작성 예시 3 세 자릿수	예3) 답이 230인 경우

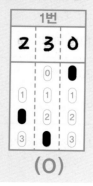 (O)　(X)　(X)

8 KMA 접수 안내 및 유의사항

(1) 가까운 지정 접수처 또는 KMA 홈페이지(www.kma-e.com)에서 접수합니다.

(2) 지정 접수처 접수 시, 응시원서를 작성하여 응시료와 함께 접수합니다.
(KMA 홈페이지에서 응시원서를 다운로드 받아 사용 가능)

(3) 응시원서는 모든 사항을 빠짐없이 정확하게 작성합니다.
시험장소는 접수 마감 후 추후 KMA 홈페이지에 공지할 예정입니다.

(4) 초등학교 3학년 응시생부터는 OMR 카드를 사용하여 답안을 작성하기 때문에 KMA 홈페이지에서
OMR 카드를 다운로드하여 충분히 연습하시기 바랍니다.
(OMR 카드를 잘못 작성하여 발생한 성적에 대해서는 책임지지 않습니다.)

(5) 부정행위 또는 타인의 시험을 방해하는 행위 적발 시, 즉각 퇴실 조치하고 당해 시험은 0점 처리
되오니, 이점 유의하시기 바랍니다.

9 KMAO 왕수학 전국수학경시대회(본선)

KMA 한국수학학력평가 성적 우수자(상위 10%) 등을 대상으로 왕수학 전국수학경시대회를 통해 우수한 수학 영재를 조기에 발굴 교육함으로, 수학적 문제해결력과 창의 융합적 사고력을 키워 미래의 우수한 글로벌 리더를 키우고자 본 경시대회를 개최합니다.

참가 대상 및 응시료	KMA 한국수학학력평가 상반기 또는 하반기에서 성적 우수자 상위 10% 해당자로 본선 진출 자격을 받은 학생 또는 일반 참가 학생 ＊본선 진출 자격을 받은 학생들은 응시료를 할인 받을 수 있는 혜택이 있습니다.
대상 학년	초등 : 초3 ~ 초6(상급학년 지원 가능) ※초1~2학년은 본선 시험이 없으므로 초3학년에 응시 자격 부여함. 중등 : 중등 통합 공통과정(학년구분 없음)
출제 문항 및 시험 시간	주관식 단답형(23문항), 서술형(2문항) 시험 시간 : 90분 ＊풀이 과정에 따른 부분 점수가 있을 수 있습니다.
시험 난이도	왕수학(실력), 점프왕수학, 응용왕수학, 올림피아드왕수학 수준

＊ 시상 및 평가 일정 등 자세한 내용은 KMA 홈페이지(www.kma-e.com)에서 확인 하실 수 있습니다.

10 교재의 구성과 특징

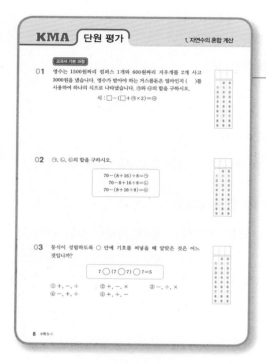

단원평가

KMA 시험을 대비할 수 있는 문제 유형들을 단원별로 정리하여 수록하였습니다.

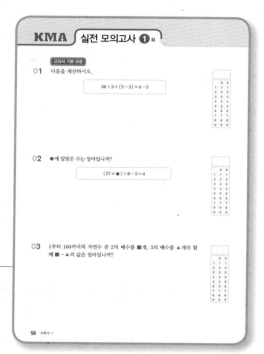

실전 모의고사

출제율이 높은 문제를 수록하여 KMA 시험을 완벽하게 대비할 수 있도록 합니다.

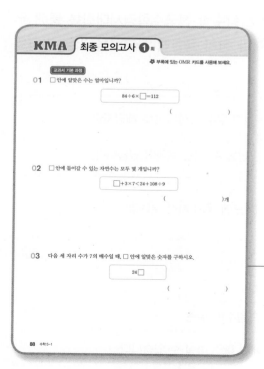

최종 모의고사

KMA 출제 위원과 검토 위원들이 문제 난이도와 타당성 등을 모두 고려한 최종 모의고사를 통하여 KMA 시험을 최종적으로 대비할 수 있도록 하였습니다.

Contents

교과서 기본 과정

01 영수는 1500원짜리 컴퍼스 1개와 600원짜리 지우개를 2개 사고 3000원을 냈습니다. 영수가 받아야 하는 거스름돈은 얼마인지 ( )를 사용하여 하나의 식으로 나타냈습니다. ㉮와 ㉯의 합을 구하시오.

식 : □ - (□ + ㉮ × 2) = ㉯

02 ㉠, ㉡, ㉢의 합을 구하시오.

$$70 - (8 + 16) \div 8 = ㉠$$
$$70 - 8 + 16 \div 8 = ㉡$$
$$70 - (8 + 16 \div 8) = ㉢$$

03 등식이 성립하도록 ○ 안에 기호를 써넣을 때 알맞은 것은 어느 것입니까?

$$7 \bigcirc (7 \bigcirc 7) \bigcirc 7 = 5$$

① +, -, ÷   ② +, -, ×   ③ -, ÷, ×
④ -, +, ÷   ⑤ +, ÷, -

04 식이 성립하도록 ★에 알맞은 수를 구하시오.

$$70-(★+16)÷8=63$$

05 두 식의 계산 결과의 차를 구하시오.

$$24+56÷8×3 \qquad (24+56)÷8×3$$

06 온도를 나타내는 단위는 섭씨(℃)와 화씨(℉)가 있습니다. 섭씨(℃)와 화씨(℉) 사이의 관계가 다음과 같다고 합니다. 어느 날 섭씨(℃) 온도가 35도라고 하면 화씨(℉)온도는 몇 도입니까?

$$(섭씨\ 온도)=(화씨\ 온도-32)×5÷9$$

07 ㉮ 수도꼭지에서는 1분에 35 L씩, ㉯ 수도꼭지에서는 1분에 15 L씩 물이 나옵니다. 2개의 수도꼭지를 동시에 열어 1300 L의 물을 받는 데는 몇 분이 걸리겠습니까?

08 □ 안에 알맞은 수를 구하시오.

$$372 \div \square - 16 \times 3 = 14$$

09 지구에서 잰 무게는 달에서 잰 무게의 약 6배입니다. 세 사람이 모두 달에서 몸무게를 잰다면 신영이와 석기의 몸무게의 합은 아버지의 몸무게보다 약 몇 kg이 더 무겁겠습니까?

지구
신영 : 36 kg, 석기 : 42 kg

달
아버지 : 11 kg

10 계산이 <u>틀린</u> 것을 찾아 바르게 계산하면 얼마입니까?

> ㉠ $30 - 20 \div 5 + 9 = 35$
> ㉡ $350 + 26 - 48 \div 3 = 360$
> ㉢ $90 - 45 \div 9 \times 5 = 25$

[교과서 응용 과정]

11 사과 4개와 복숭아 2개를 사고 6000원을 냈더니 거스름돈으로 560원을 받았습니다. 복숭아 1개의 값이 860원일 때, 사과 1개의 값은 얼마입니까?

12 어떤 수를 9로 나누고 150을 더한 수에서 7을 5배 한 수를 뺀 값이 121일 때, 어떤 수를 구하시오.

13 ( )를 한 번 사용하여 계산 결과가 가장 큰 수가 되도록 만들었을 때, 가장 큰 계산 결과는 얼마입니까?

$$15 + 8 - 4 \times 3 + 2$$

14 동민이는 한 자루에 180원 하는 연필 2타, 한 권에 300원 하는 공책 3권, 한 개에 150원 하는 지우개 2개를 사고 5000원을 냈더니 돈이 모자랐습니다. 동민이가 더 내야 할 돈은 얼마입니까?

15 ㉮◆㉯＝(㉮×㉯)－(㉮＋㉯)라고 할 때, 5◆(9◆10)의 값을 구하시오.

16 아버지의 연세는 내 나이의 3배보다 5살이 많고, 할아버지의 연세는 내 나이의 6배보다 5살이 적다고 합니다. 할아버지의 연세가 67세라고 할 때, 아버지의 연세는 몇 세입니까?

17 효근이는 어제 75분 동안 운동을 하였고 오늘은 어제의 2배보다 35분 적게 운동을 했습니다. 효근이가 어제와 오늘 운동한 시간을 ㉠시간 ㉡분이라 할 때 ㉠+㉡의 값을 구하시오.

18 다음 식을 만족하는 ㉡은 얼마입니까?

$$55+4\times(41-28)-8\div8=㉠$$
$$(22+㉠\times3)\div4+27\div9=㉡$$

19 숫자 카드 [2], [4], [8]을 모두 사용하여 다음과 같이 식을 만들려고 합니다. 계산 결과가 가장 클 때와 가장 작을 때의 차를 구하시오.

$$64 \div (\square \times \square) + \square$$

20 $\square$ 안에 들어갈 수 있는 자연수는 모두 몇 개입니까?

$$48 \div 3 \times 5 > 24 \div 4 \times \square$$

[교과서 심화 과정]

21 기호 ☆은 다음과 같이 계산한다고 합니다.

가☆나 $= 56 -$ 가 $\div$ 나 $+$ 나 $\div 3$

이와 같이 계산할 때, 다음에서 $\square$ 안에 알맞은 수는 얼마입니까?

$$\square ☆ 12 = 12$$

22 무게가 똑같은 귤 7개를 상자에 넣고 무게를 재어 보니 754 g이었습니다. 이 상자에 똑같은 무게의 귤 3개를 더 넣어 무게를 재어 보니 1042 g이었습니다. 상자만의 무게는 몇 g입니까?

23 5장의 숫자 카드 1, 2, 3, 4, 5를 다음 식의 □ 안에 한 번씩 써 넣어 계산 결과가 가장 큰 자연수가 되도록 만들었을 때, 가장 큰 계산 결과는 얼마입니까?

$$\square + \square - \square \times \square \div \square$$

24 어느 놀이 동산에 영수네 친척들이 놀러 갔습니다. 놀러 간 사람은 모두 20명이고, 어린이가 어른보다 6명 더 많았습니다. 어른의 입장료가 5500원이고, 어린이의 입장료는 2900원이라면 영수네 친척들의 어른 입장료는 어린이 입장료보다 얼마 더 많습니까?

25 달걀 450개를 한 개에 100원씩 주고 사 오다가 몇 개를 깨뜨렸습니다. 남은 달걀을 한 개에 150원씩 받고 모두 팔았더니 18000원의 이익이 생겼습니다. 사 오다가 깨뜨린 달걀은 몇 개입니까?

창의 사고력 도전 문제

26 62와 150을 어떤 수로 나누었을 때, 각각의 나머지의 합은 20입니다. 몫은 큰 쪽이 작은 쪽의 3배라고 할 때, 어떤 수가 될 수 있는 수 중 가장 큰 수를 구하시오.

27 □ 안에 2, 3, 4, 6, 7, 9를 모두 한 번씩 써넣어 계산한 값이 자연수일 때 가장 큰 값은 얼마입니까?

$$(\square\square + \square\square \times \square) \div \square$$

28 주어진 숫자 카드는 모두 사용하고 연산 카드는 4장 중에서 3장을 사용하여 만들 수 있는 식의 계산 결과 중 가장 큰 자연수와 가장 작은 자연수의 차는 얼마입니까? (단, (   )를 사용할 수 있습니다.)

숫자 카드   연산 카드

29 영수네 집은 34층입니다. 어느 날 정전으로 엘리베이터가 멈춰서 34층까지 걸어서 올라갔습니다. 1층부터 34층까지 오르는 데 첫 번째 층은 8초가 걸리고 다음 층부터는 한 층마다 1초씩 더 걸렸습니다. 5개층을 올라갈 때마다 2분씩 쉬었다면 34층을 오르는 데 걸린 시간은 ㉠분 ㉡초입니다. 이때, ㉠+㉡의 값을 구하시오.

30 다음 식에서 ㉠은 한 자리 수입니다. ㉡이 300보다 크고 600보다 작을 때 ㉠의 값이 될 수 있는 자연수는 모두 몇 개입니까?

$$(24+16\times㉠)\times4-56=㉡$$

교과서 기본 과정

01 다음 중 약수의 개수가 가장 많은 수는 어느 것입니까?

① 8   ② 18   ③ 42

④ 54   ⑤ 60

02 40을 어떤 수로 나누면 나누어떨어집니다. 자연수 중에서 어떤 수는 모두 몇 개입니까?

03 7의 배수 중에서 200에 가장 가까운 수는 무엇입니까?

04 세 자리 수 중에서 가장 큰 4의 배수와 가장 작은 4의 배수의 차는 얼마입니까?

05 72의 약수 중에서 홀수는 모두 몇 개입니까?

06 오른쪽 수가 왼쪽 수의 배수일 때, □ 안에 들어갈 수 있는 수들의 합은 얼마입니까?

(□ , 24)

07 두 수가 서로 약수와 배수의 관계인 것은 어느 것입니까?

① $(6, 74)$ ② $(8, 94)$ ③ $(12, 102)$

④ $(7, 126)$ ⑤ $(13, 118)$

08 다음을 보고 12와 20의 최대공약수를 바르게 구한 것은 어느 것입니까?

$$12 = 2 \times 2 \times 3 \qquad 20 = 2 \times 2 \times 5$$

① $2 \times 2 = 4$

② $2 \times 2 \times 3 = 12$

③ $2 \times 2 \times 5 = 20$

④ $2 \times 2 \times 3 \times 5 = 60$

⑤ $2 \times 2 \times 3 \times 2 \times 2 \times 5 = 240$

09 다음 두 수의 최소공배수를 구하시오.

$$84 \qquad 70$$

10 다음 설명 중 옳은 것은 어느 것입니까?

① 최소공배수는 공배수의 배수입니다.
② 최대공약수는 공약수 중에서 가장 작은 수입니다.
③ 최대공약수는 1개입니다.
④ 두 수의 공배수는 1개입니다.
⑤ 1은 모든 수의 공배수입니다.

[교과서 응용 과정]

11 불우한 학생을 도우려고 연필 3타와 공책 48권을 모았습니다. 이것을 될 수 있는 대로 많은 학생들에게 남김없이 똑같이 나누어 주려고 합니다. 몇 명까지 나누어 줄 수 있습니까?

12 1부터 90까지의 자연수 중에서 8로도 나누어떨어지고 10으로도 나누어 떨어지는 수를 모두 찾아 합을 구하면 얼마입니까?

13 어느 고속버스 터미널에서 용인행은 15분마다, 천안행은 18분마다 출발한다고 합니다. 오전 6시 30분에 두 버스가 동시에 출발하였다면, 다음 번에 두 버스가 동시에 출발하게 되는 시각은 오전 몇 시입니까?

14 다음을 모두 만족하는 수를 구하시오.

> • 48의 약수입니다.
> • 36의 약수가 아닙니다.
> • 십의 자리 숫자는 2입니다.

15 2부터 9까지의 자연수 중 □ 안에 들어갈 수 있는 수들의 합은 얼마입니까?

> 18의 배수는 모두 □의 배수입니다.

16 5장의 숫자 카드 0, 1, 2, 3, 4 중에서 서로 다른 3장을 뽑아 한 번씩만 사용하여 300보다 크고 400보다 작은 세 자리 수를 만들 때, 3의 배수이면서 짝수인 수는 모두 몇 개입니까?

17 어떤 수와 12의 최대공약수는 4이고, 최소공배수는 120입니다. 어떤 수는 얼마입니까?

18 세 수 18, 30, 42의 최대공약수를 ㉠, 최소공배수를 ㉡이라고 할 때, ㉠+㉡의 값을 구하시오.

19 12, 16, 24 중 어떤 수로 나누어도 나머지가 각각 1이 되는 수 중에서 가장 작은 세 자리 수는 얼마입니까?

20 ㉠과 ㉡의 최소공배수는 420입니다. △와 □에 알맞은 수를 찾아 두 수의 합을 구하려고 합니다. △＋□의 가장 작은 값은 얼마입니까?

$$㉠ \, 2 \times 3 \times 7 \times △ \qquad ㉡ \, 2 \times 3 \times □ \times 7$$

교과서 심화 과정

21 □ 안에 공통으로 들어갈 수 있는 수 중 세 번째로 작은 수는 얼마입니까? (단, ●와 ★은 자연수입니다.)

$$□ ÷ 12 = ● \qquad □ ÷ 15 = ★$$

22 [㉮]는 ㉮의 약수들의 합을 나타내고 { ㉮ }는 ㉮의 약수의 개수를 나타냅니다. 다음을 계산하면 얼마입니까?

$$[\{72\}-\{36\}]+\{[42]-[17]\}$$

23 주어진 5장의 숫자 카드 중 3장을 뽑아 만들 수 있는 세 자리 수 중에서 가장 큰 3의 배수는 얼마입니까?

4 6 1 5 8

24 원 모양의 호수 둘레에 같은 간격으로 나무를 심으려고 합니다. 나무를 6 m 간격으로 심을 때와 8 m 간격으로 심을 때 필요한 나무 수의 차가 25그루라면, 이 호수의 둘레는 몇 m입니까?

25 두 개의 전등 A, B가 있습니다. 전등 A는 8초 동안 켜지고 4초 동안 꺼집니다. 전등 B는 10초 동안 켜지고 5초 동안 꺼집니다. 지금 두 전등이 동시에 켜졌다면, 다음 번에 두 전등이 동시에 켜지는 것은 지금으로부터 몇 초 후입니까?

창의 사고력 도전 문제

26 사과 76개, 배 37개, 밤 88개를 몇 명의 학생들에게 똑같이 나누어 주려고 했더니 사과는 6개, 배는 2개가 남았고, 밤은 17개가 부족하였습니다. 모두 몇 명의 학생에게 나누어 주려고 했습니까?

27 다음과 같이 1부터 2020까지의 자연수를 차례로 곱했을 때, 그 곱은 일의 자리부터 0이 몇 개까지 계속되겠습니까?

$$1 \times 2 \times 3 \times 4 \times 5 \times 6 \times \cdots \times 2019 \times 2020$$

28 현수는 주사위를 던져서 1부터 30까지의 수를 다음과 같은 규칙에 따라 지우고 있습니다.

> 규칙 1. 주사위를 던져서 나온 수의 배수 중 하나만 지웁니다. (단, 1이 나오면 아무 수나 하나만 지웁니다.)
> 규칙 2. 나온 수의 배수가 모두 지워져 있으면 지울 수 없습니다.

현수가 주사위를 30번 던졌을 때, 각 수는 다음과 같은 횟수로 나왔습니다. 현수가 지우지 못한 수는 적어도 몇 개 있는지 구하시오.

주사위를 던져 나온 수	1	2	3	4	5	6
나온 횟수	3	3	3	7	7	7

29 다음 조건을 만족하는 여섯 자리 수 5㉠㉡㉠㉡㉠은 모두 몇 개입니까?

> 조건
> • 같은 기호는 같은 숫자이고 다른 기호는 서로 다른 숫자입니다.
> • 5㉠㉡㉠㉡㉠은 12의 배수입니다.

30 세 자리 수 378, 498, 578을 어떤 수로 나누면 나머지가 모두 같다고 합니다. 이렇게 나머지가 같도록 나눌 수 있는 어떤 수를 모두 구하면 몇 개입니까? (단, 나머지가 0인 경우는 생각하지 않습니다.)

교과서 기본 과정

01 다음 표를 완성할 때 ㉠과 ㉡에 알맞은 수를 찾아 ㉠과 ㉡의 합을 구하시오.

△	5	6		11	15	㉡
○	12	13	14		㉠	27

02 □와 ○ 사이의 관계를 식으로 나타내면 ○=□×㉠+㉡입니다. 이때 ㉠+㉡의 값을 구하시오.

□	9	8	7	6	5	4
○	30	27	24	21	18	15

03 다음과 같이 일정한 규칙으로 수를 늘어놓았을 때, 21번째에 놓이는 수를 구하시오.

2, 8, 14, 20, 26, 32, …

04 보기와 같이 계산할 때 ㉮에 알맞은 수는 얼마입니까?

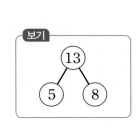

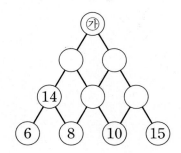

05 1부터 100까지의 수를 차례로 쓸 때 사용되는 숫자는 모두 몇 개입니까?

06 1부터 400까지의 자연수가 있습니다. 숫자 5가 들어가는 수는 모두 몇 개입니까?

07 정오각형 모양의 꽃밭이 있습니다. 이 꽃밭의 한 변에 꽃을 48송이씩 같은 간격으로 심을 때, 꽃은 모두 몇 송이 필요합니까? (단, 꼭짓점에는 반드시 꽃을 심습니다.)

08 굵기가 일정한 통나무 한 개가 있습니다. 이 통나무를 한 번 자르는 데 11분이 걸린다고 합니다. 이 통나무를 쉬지 않고 12도막으로 자르는 데는 몇 분이 걸리겠습니까?

09 그림과 같이 성냥개비로 정사각형을 만들었습니다. 정사각형 23개를 만드는 데 필요한 성냥개비는 몇 개입니까?

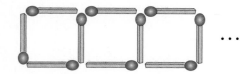

10 그림과 같은 방법으로 정사각형 모양의 도화지를 붙이려고 합니다. 도화지 37장을 붙이려면 누름 못은 모두 몇 개 필요합니까?

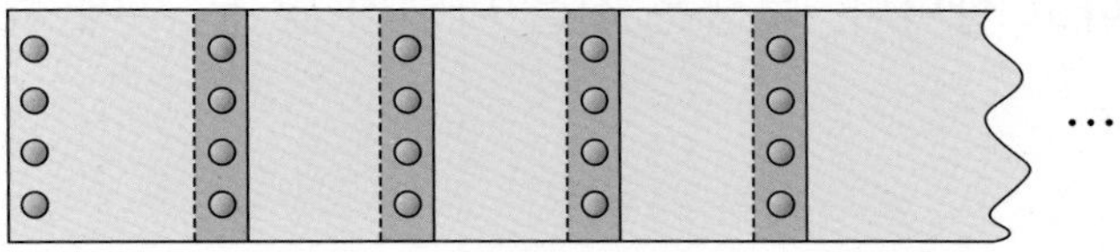

교과서 응용 과정

11 보기의 자음과 모음을 한 번씩만 사용하여 만들 수 있는 글자의 수는 모두 몇 개입니까?

보기

ㄱ ㅇ ㄹ ㅜ ㅏ ㅡ

12 다음과 같이 일정한 규칙으로 분수를 늘어놓을 때, 처음으로 나오는 가분수는 몇 번째 분수입니까?

$$\frac{1}{70}, \ \frac{3}{68}, \ \frac{5}{66}, \ \frac{7}{64}, \ \frac{9}{62}, \ \cdots$$

13 석기가 집을 나선지 8분 후에 동생은 석기의 도시락을 가지고 뒤따라 갔습니다. 석기는 걸어서 1분에 65 m씩 가고 동생은 자전거를 타고 1분에 105 m씩 간다고 합니다. 동생은 집을 나선지 몇 분 후에 석기와 만나겠습니까?

14 한솔이가 5라고 말하면 유승이는 23이라고 대답하고, 한솔이가 10이라고 말하면 유승이는 43이라고 대답합니다. 또 한솔이가 13이라고 말하면 유승이는 55라고 대답할 때, 한솔이가 56이라고 말하면 유승이는 어떤 수로 답해야 합니까?

15 면봉으로 그림과 같이 정오각형을 만들고 있습니다. 정오각형의 수가 12개일 때 사용한 면봉의 수는 몇 개입니까?

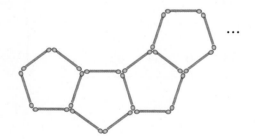

16 다음과 같이 일정한 규칙으로 수를 늘어놓을 때, 35번째에 놓이는 수는 무엇입니까?

> 1, 3, 6, 10, 15, 21, …

17 오른쪽 그림과 같이 규칙적으로 바둑돌이 놓여 있습니다. 맨 아랫줄의 바둑돌이 14개일 때, 놓인 바둑돌은 검은색 바둑돌이 흰색 바둑돌보다 몇 개 더 많습니까?

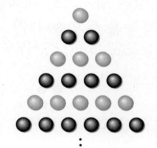

18 한 변의 길이가 1 cm인 정사각형을 다음 그림과 같은 규칙으로 붙여서 도형을 만들어 나갈 때, 20번째에 만들어지는 도형의 둘레의 길이는 몇 cm입니까?

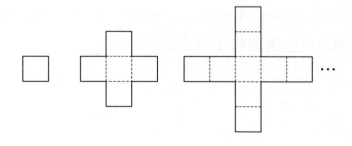

19 다음에서 ⊙의 규칙을 찾아 □ 안에 알맞은 수를 구하시오.

$$1⊙4=5 \qquad 2⊙5=9 \qquad 3⊙4=13 \qquad 4⊙5=21$$

$$8⊙12=□$$

20 그림과 같은 규칙으로 바둑돌 204개를 늘어놓는다면 바둑돌은 몇 번째까지 놓을 수 있습니까?

첫 번째 두 번째 세 번째 네 번째

교과서 심화 과정

21 굵기가 일정한 통나무를 ㉮, ㉯ 두 개의 톱을 사용하여 자르려고 합니다. 이 통나무를 한 번 자르는 데 ㉮ 톱으로는 8분, ㉯ 톱으로는 9분이 걸립니다. ㉮ 톱으로 먼저 자른 후 ㉯ 톱을 사용하고, 다시 ㉮ 톱을 사용하는 식으로 번갈아 가며 톱질을 할 때, 이 통나무를 쉬지 않고 12도막으로 자르려면 몇 분이 걸리겠습니까?

22 영수네 반 학생은 모두 23명입니다. 두 명씩 번갈아가며 악수를 한다고 할 때, 23명이 서로 한 번씩 악수를 한 횟수는 모두 몇 번입니까?

23 오른쪽 그림과 같이 일정한 규칙으로 성냥개비를 늘어놓으려고 합니다. 22단계까지 만들려면, 필요한 성냥개비는 모두 몇 개입니까?

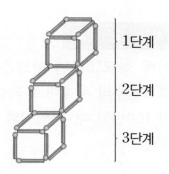

1단계

2단계

3단계

24 그림과 같이 바둑돌을 늘어놓을 때 95번째에 놓이는 모양에서 검은색 바둑돌은 흰색 바둑돌보다 몇 개 더 많겠습니까?

25 ㄹ자 모양의 철사를 그림과 같이 자르고 있습니다. 몇 번을 잘랐더니 244도막으로 나누어졌습니다. 자른 횟수는 몇 번입니까?

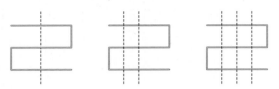

【 창의 사고력 도전 문제 】

26 가영이네 학교 5학년 학생은 모두 186명입니다. 운동장에 큰 원을 그리고 1번부터 차례대로 똑같은 간격으로 둘러앉았습니다. 가영이의 번호가 150번일 때, 가영이와 마주 보고 앉은 학생의 번호는 몇 번입니까?

27 1부터 550까지의 수를 차례로 써 나갈 때, 숫자 5는 모두 몇 번을 사용하게 되는지 구하시오.

28 그림과 같이 ㉮에는 2개의 직선으로 만나는 점이 1개 생기고, ㉯에는 3개의 직선으로 만나는 점이 3개 생기며 ㉰에는 4개의 직선으로 만나는 점이 6개 생깁니다. 13개의 직선을 그으면 만나는 점은 최대 몇 개가 됩니까?

29 주스 1병에 500원씩 팔고 있는 가게가 있습니다. 이 가게에서는 주스를 사서 마신 후 빈 병을 되돌려 주면 빈 병 8개마다 1병의 주스와 바꾸어 줍니다. 90병의 주스를 마시려고 할 때, 주스는 최소한 몇 병을 사야 합니까?

30 오른쪽과 같이 네 개의 정육각형의 각 변에 같은 수의 바둑돌을 늘어놓았습니다. 늘어 놓은 바둑돌이 모두 187개였다면, 정육 각형의 한 변에 놓인 바둑돌은 몇 개입니까?

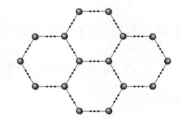

교과서 기본 과정

01 예슬이는 피자의 $\frac{2}{6}$를 먹었습니다. 똑같은 크기의 피자를 12조각으로 나누었다면 몇 조각을 먹어야 예슬이가 먹은 것과 양이 같아집니까?

02 $\frac{48}{72}$을 약분하려고 합니다. 분모와 분자를 공통으로 나눌 수 있는 1이 아닌 수를 모두 찾아 합을 구하면 얼마입니까?

03 분모와 분자의 최대공약수 4로 어떤 분수를 약분하여 기약분수로 나타내었더니 $\frac{5}{8}$가 되었습니다. 어떤 분수를 $\frac{\bigcirc}{\bigcirc}$이라고 할 때 $\bigcirc + \bigcirc$의 값을 구하시오.

04 다음 중 기약분수는 어느 것입니까?

① $\dfrac{14}{105}$ ② $\dfrac{13}{143}$ ③ $\dfrac{2}{142}$

④ $\dfrac{21}{28}$ ⑤ $\dfrac{23}{150}$

05 한초네 학교에서 전교어린이회장 선거를 하였습니다. 모두 450명이 투표하였고, 그중에서 한초가 135표를 얻어 회장에 당선되었습니다.

한초가 얻은 표는 전체의 몇 분의 몇인지 기약분수로 나타내면 $\dfrac{\text{ⓛ}}{\text{ⓖ}}$ 이라 할 때 ㉠＋㉡의 값을 구하시오.

06 $\dfrac{7}{16}$ 과 $\dfrac{11}{12}$ 을 통분하려고 합니다. 공통분모가 될 수 있는 수를 가장 작은 수부터 3개를 찾아 합을 구하면 얼마입니까?

07 $\dfrac{11}{18}$, $\dfrac{7}{12}$ 을 100에 가장 가까운 공통분모로 통분하였더니 $\dfrac{\text{ⓛ}}{\text{⊙}}$, $\dfrac{\text{ⓒ}}{\text{⊙}}$ 이 되었습니다. 이때 ⊙+ⓛ+ⓒ의 값을 구하시오.

08 어떤 두 기약분수를 통분하였더니 $\dfrac{78}{90}$, $\dfrac{15}{90}$ 가 되었습니다. 두 기약분수를 각각 $\dfrac{\text{ⓛ}}{\text{⊙}}$, $\dfrac{\text{ⓔ}}{\text{ⓒ}}$ 이라고 할 때 ⊙+ⓛ+ⓒ+ⓔ의 값을 구하시오.

09 $\dfrac{3}{8}$ 과 $\dfrac{7}{20}$ 을 통분할 때 공통분모가 될 수 있는 수 중에서 200보다 작은 수는 모두 몇 개입니까?

10 다음 분수 중 $\frac{2}{3}$ 보다 작은 분수는 모두 몇 개입니까?

$$\frac{1}{2}, \ \frac{3}{4}, \ \frac{2}{5}, \ \frac{4}{7}, \ \frac{7}{8}, \ \frac{7}{9}, \ \frac{6}{11}$$

교과서 응용 과정

11 □ 안에 알맞은 자연수를 구하시오.

$$\frac{8}{9} < \frac{60}{\square} < \frac{10}{11}$$

12 $\frac{2}{3}$ 의 분자에 어떤 수를 더하고, 분모에 21을 더했더니 분수의 크기가 변하지 않았습니다. 분자에 더한 어떤 수는 얼마입니까?

13 분모가 121인 진분수 중에서 기약분수가 아닌 분수는 몇 개입니까?

14 어떤 분수의 분모와 분자의 차는 108이고, 기약분수로 나타내면 $\frac{5}{17}$가 됩니다. 이 분수의 분모와 분자의 합은 얼마입니까?

15 $\frac{369}{615}$의 분모에서 어떤 수를 뺀 후, 약분을 하였더니 $\frac{3}{4}$이 되었습니다. 어떤 수는 얼마입니까?

16 다음을 보고 $\dfrac{\triangle}{\square}$를 구할 때, $\square + \triangle$의 값을 구하시오.

> · $\dfrac{\triangle}{\square}$는 $\dfrac{3}{4}$과 크기가 같습니다.
>
> · $\square$와 $\triangle$의 차는 7입니다.

17 $\square$ 안에 들어갈 수 있는 자연수는 모두 몇 개입니까?

$$\frac{11}{24} > \frac{\square}{16}$$

18 분모와 분자의 합이 124이고 차가 20인 진분수가 있습니다. 이 분수를 기약분수로 나타내었을 때 분모와 분자의 차는 얼마입니까?

19 다음과 같이 분모가 각각 11, 12, 13, 14, 15인 진분수 중에서 기약분수의 개수가 가장 적은 것은 어느 것입니까?

① $\dfrac{\square}{11}$ ② $\dfrac{\square}{12}$ ③ $\dfrac{\square}{13}$

④ $\dfrac{\square}{14}$ ⑤ $\dfrac{\square}{15}$

20 $\dfrac{2}{3}$와 크기가 같은 어떤 분수가 있습니다. 이 분수의 분자에서 4를 빼었더니 $\dfrac{1}{2}$과 크기가 같은 분수가 되었습니다. 어떤 분수의 분모와 분자의 합은 얼마입니까?

교과서 심화 과정

21 $\dfrac{\text{⑭}}{\text{㉮}+4}=\dfrac{9}{7}$이고 ㉮의 3배가 ⑭의 2배와 같을 때, 두 자연수 ㉮, ⑭의 합은 얼마입니까?

22 다음을 만족하는 가장 작은 ▲와 ■의 차를 구하시오.

$$\frac{\blacktriangle}{\blacksquare \times \blacksquare \times \blacksquare} = \frac{1}{700}$$

23 다음 수직선에서 ㉠에 알맞은 분수를 기약분수로 나타낼 때, 이 분수의 분모와 분자의 합을 구하시오.

$$\frac{1}{9} \qquad\qquad ㉠ \qquad\qquad \frac{1}{8}$$

24 $\frac{1}{4}$과 $\frac{1}{3}$ 사이에 3개의 기약분수를 넣어 5개의 분수를 통분하였더니 5개의 분수의 분자가 연속된 자연수가 되었습니다. 이때 $\frac{1}{4}$과 $\frac{1}{3}$ 사이에 넣은 3개의 기약분수 중 가장 큰 분수를 $\frac{㉡}{㉠}$이라고 할 때, ㉠+㉡의 값을 구하시오.

25 $\dfrac{\triangle}{\square}=\dfrac{4}{9}$ 이고 $\dfrac{\square}{\bigcirc}=\dfrac{7}{15}$ 입니다. $\dfrac{\triangle}{\bigcirc}$ 를 기약분수로 나타낼 때 이 기약분수의 분모와 분자의 합은 얼마입니까?

<table>
<tr><td></td><td></td></tr>
</table>

창의 사고력 도전 문제

26 분수를 가장 작은 수부터 차례로 늘어놓은 것입니다. ㉠이 될 수 있는 수 중 가장 큰 수와 ㉡이 될 수 있는 수 중 가장 작은 수의 차는 얼마입니까?

$$\dfrac{3}{8} \qquad \dfrac{3}{㉠} \qquad \dfrac{9}{10} \qquad \dfrac{6}{㉡} \qquad \dfrac{9}{7}$$

27 분모와 분자의 합이 97인 어떤 분수가 있습니다. 이 분수의 분자에서 12를 빼고 분모에는 5를 더한 다음 약분했더니 $\dfrac{7}{11}$ 이 되었습니다. 처음 어떤 분수의 분모와 분자의 차는 얼마입니까?

28 어떤 분수의 분모에서 12를 뺀 후 약분을 하면 $\frac{1}{3}$이 되고 어떤 분수의

분모에 3을 더한 후 약분을 하면 $\frac{1}{4}$이 됩니다. 어떤 분수의 분모와 분

자의 합은 얼마입니까?

29 다음 분수는 어떤 규칙에 따라 늘어놓은 것입니다. 약분하여 $\frac{7}{12}$이 되

는 분수는 몇 번째 분수입니까?

$$\frac{4}{29}, \quad \frac{5}{30}, \quad \frac{6}{31}, \quad \frac{7}{32}, \quad \frac{8}{33}, \cdots$$

30 다음과 같은 분수 중에서 기약분수의 개수를 ㉠, 기약분수가 아닌 수의

개수를 ㉡이라고 할 때, ㉠과 ㉡의 차를 구하시오.

$$\frac{17}{180}, \quad \frac{18}{180}, \quad \frac{19}{180}, \cdots\cdots, \quad \frac{177}{180}, \quad \frac{178}{180}, \quad \frac{179}{180}$$

교과서 기본 과정

01 □ 안에 알맞은 수를 구하시오.

$$\frac{3}{4} + \frac{3}{5} = 1\frac{\square}{20}$$

02 영수는 수학 공부를 $\frac{2}{3}$ 시간 했고, 영어 공부를 $\frac{3}{5}$ 시간 했습니다. 영수가 공부한 시간은 모두 몇 분입니까?

03 삼각형의 세 변의 길이의 합은 몇 cm입니까?

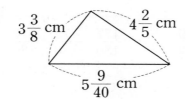

$3\frac{3}{8}$ cm $4\frac{2}{5}$ cm

$5\frac{9}{40}$ cm

04 $\dfrac{5}{6}+\dfrac{7}{9}$ 의 계산에서 공통분모가 될 수 있는 수를 알아보려고 합니다.
공통분모 중 100보다 작은 수를 모두 찾아 합을 구하면 얼마입니까?

05 □ 안에 알맞은 수를 $\dfrac{\textcircled{\tiny ㄴ}}{\textcircled{\tiny ㄱ}}\textcircled{\tiny ㄷ}$ 이라고 할 때, $\textcircled{\tiny ㄱ}+\textcircled{\tiny ㄴ}+\textcircled{\tiny ㄷ}$ 의 최솟값을 구하시오.

$$\boxed{}-1\dfrac{7}{12}=2\dfrac{5}{6}$$

06 가와 나의 합을 $\dfrac{\textcircled{\tiny ㄴ}}{\textcircled{\tiny ㄱ}}$ 이라 할 때 $\textcircled{\tiny ㄱ}+\textcircled{\tiny ㄴ}$ 의 값을 구하시오.

$$가=\dfrac{1}{4}+\dfrac{3}{10} \qquad 나=\dfrac{5}{8}-\dfrac{2}{5}$$

07 유승이는 오전에 $1\frac{3}{4}$ 시간 동안 책을 읽었고, 오후에 $1\frac{1}{3}$ 시간 동안 책을 읽었습니다. 유승이가 하루 동안 책을 읽은 시간은 모두 몇 분입니까?

08 가영이는 동화책을 읽는데 첫째 날에는 전체의 $\frac{3}{8}$ 을 읽었고, 둘째 날에는 전체의 $\frac{5}{12}$ 를 읽었습니다. 첫째 날부터 셋째 날까지 전체의 $\frac{23}{24}$ 을 읽었다면 셋째 날에는 전체의 얼마를 읽었는지 $\frac{ⓒ}{ⓐ}$ 으로 나타낼 때 ⓐ+ⓒ의 최솟값은 얼마입니까?

09 합이 10인 세 수 중 두 수가 $3\frac{3}{8}$, $4\frac{17}{20}$ 입니다. 나머지 한 수를 $ⓐ\frac{ⓒ}{ⓑ}$ 이 라고 할 때, ⓐ+ⓑ+ⓒ의 최솟값은 얼마입니까?

10 영수는 144쪽인 동화책을 한 권 사서 읽었습니다. 어제는 전체의 $\dfrac{17}{24}$ 을 읽었고, 오늘은 전체의 $\dfrac{1}{9}$ 을 읽었습니다. 영수가 이 동화책을 다 읽으려면 몇 쪽을 더 읽어야 합니까?

⓪	⓪ ⓪
①	① ①
②	② ②
③	③ ③
④	④ ④
⑤	⑤ ⑤
⑥	⑥ ⑥
⑦	⑦ ⑦
⑧	⑧ ⑧
⑨	⑨ ⑨

교과서 응용 과정

11 다음 삼각형의 둘레가 $6\dfrac{1}{5}$ m일 때 변 ㄴㄷ의 길이는 몇 cm입니까?

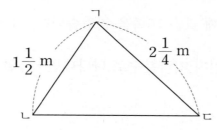

$1\dfrac{1}{2}$ m $2\dfrac{1}{4}$ m

⓪	⓪ ⓪
①	① ①
②	② ②
③	③ ③
④	④ ④
⑤	⑤ ⑤
⑥	⑥ ⑥
⑦	⑦ ⑦
⑧	⑧ ⑧
⑨	⑨ ⑨

12 □ 안에 들어갈 수 있는 자연수들의 합을 구하면 얼마입니까?

$$\frac{1}{4} - \frac{1}{5} < \frac{1}{\square} < \frac{1}{3} - \frac{1}{4}$$

⓪	⓪ ⓪
①	① ①
②	② ②
③	③ ③
④	④ ④
⑤	⑤ ⑤
⑥	⑥ ⑥
⑦	⑦ ⑦
⑧	⑧ ⑧
⑨	⑨ ⑨

13 길이가 $2\frac{2}{5}$ m인 종이 테이프 3장을 $1\frac{1}{10}$ m씩 겹치게 이어 붙였습니다. 이어 붙인 종이 테이프의 전체 길이는 몇 m입니까?

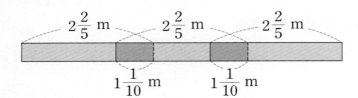

14 석기는 전체가 360쪽인 소설책을 읽고 있습니다. 첫째 날은 전체의 $\frac{2}{5}$ 를, 둘째 날은 120쪽을, 셋째 날은 16쪽을 읽었습니다. 아직 읽지 않은 부분은 전체의 몇 분의 몇인지 기약분수로 나타내면 $\frac{©}{⊙}$ 일 때, ⊙+© 의 값은 얼마입니까?

15 어떤 수에서 $4\frac{3}{5}$ 을 뺀 후 $2\frac{7}{15}$ 을 더해야 할 것을 잘못하여 어떤 수에 $4\frac{3}{5}$ 을 더한 후 $2\frac{7}{15}$ 을 뺐더니 $7\frac{4}{15}$ 가 되었습니다. 바르게 계산한 값 은 얼마입니까?

16 숫자 카드 2, 5 와 분수 카드 $\frac{1}{7}$, $\frac{1}{3}$ 을 이용하여 차를 가장 크게 할 수 있는 두 대분수를 만들었습니다. 만든 두 대분수의 차를 구하여 가분수로 나타내면 $\frac{ⓒ}{ⓐ}$ 일 때 ⓐ과 ⓒ의 차를 구하시오.

17 □ 안에 들어갈 수 있는 자연수 중에서 가장 큰 수는 얼마입니까?

$$5\frac{5}{7} - 2\frac{\square}{5} > 3$$

18 세 사람이 똑같은 액수의 돈을 내어 똑같은 지우개를 각각 샀는데 지우개의 값은 각자 가지고 있던 돈의 $\frac{1}{3}$, $\frac{1}{5}$, $\frac{1}{7}$ 과 같았습니다. 지우개를 사기 전에 돈을 가장 많이 가지고 있던 사람이 2100원을 가지고 있었다면 돈을 가장 적게 가지고 있던 사람은 얼마를 가지고 있었습니까?

19 영수네 가족은 할아버지 댁에 가는 데 $2\frac{3}{4}$ 시간은 기차를 타고, $1\frac{2}{5}$ 시간은 배를 타고, 25분은 걸어서 도착했습니다. 할아버지 댁에 가는데 걸린 시간을 $⊙\frac{©}{©}$ 시간이라고 할 때 ⊙+©+©의 최솟값은 얼마입니까?

	⑩	⑩
①	①	①
②	②	②
③	③	③
④	④	④
⑤	⑤	⑤
⑥	⑥	⑥
⑦	⑦	⑦
⑧	⑧	⑧
⑨	⑨	⑨

20 플라스틱 물통에 물을 가득 넣고 무게를 달아보니 $12\frac{3}{4}$ kg이었습니다. 물을 전체의 $\frac{1}{2}$ 만큼 쏟아버리고 무게를 달아보니 $7\frac{4}{5}$ kg이었습니다. 물통만의 무게를 $⊙\frac{©}{©}$ kg이라고 할 때 ⊙+©+©의 최솟값은 얼마입니까?

	⑩	⑩
①	①	①
②	②	②
③	③	③
④	④	④
⑤	⑤	⑤
⑥	⑥	⑥
⑦	⑦	⑦
⑧	⑧	⑧
⑨	⑨	⑨

교과서 심화 과정

21 다음 도형의 둘레의 길이를 $⊙\frac{©}{©}$ cm라고 할 때, ⊙+©+©의 최솟값은 얼마입니까?

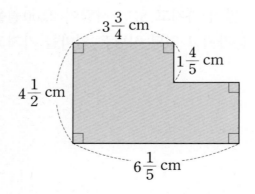

	⑩	⑩
①	①	①
②	②	②
③	③	③
④	④	④
⑤	⑤	⑤
⑥	⑥	⑥
⑦	⑦	⑦
⑧	⑧	⑧
⑨	⑨	⑨

22 계산 결과가 가장 크게 되도록 주어진 세 분수를 ☐ 안에 한 번씩 써 넣어 식을 만들었을 때 ㉠＋㉡＋㉢의 최솟값은 얼마입니까?

$$\frac{9}{8} \quad \frac{10}{9} \quad \frac{11}{10}$$

$$\boxed{} + \boxed{} - \boxed{} = ㉠\frac{㉢}{㉡}$$

23 다음과 같이 약속할 때, $\frac{1}{2} \blacksquare \frac{1}{3}$ 을 구하면 $㉠\frac{㉢}{㉡}$ 입니다. ㉠＋㉡＋㉢의 최솟값은 얼마입니까?

$$가 \blacktriangle 나 = 가 + (가 + 나)$$
$$가 \blacksquare 나 = 가 \blacktriangle (가 \blacktriangle 나)$$

24 $\frac{1}{가} + \frac{1}{나} + \frac{1}{다} = \frac{13}{12}$ 인 세 자연수 가, 나, 다의 합은 얼마입니까?

(단, 가＞나＞다입니다.)

25 한솔이는 가지고 있던 구슬의 $\frac{3}{8}$과 $\frac{5}{9}$를 각각 한별이와 유승이에게 나누어 주었습니다. 한솔이에게 남은 구슬이 30개라면 한별이와 유승이에게 나누어 준 구슬의 개수의 차는 몇 개입니까?

창의 사고력 도전 문제

26 상자 안에 노란색 구슬과 빨간색 구슬이 들어 있습니다. 노란색 구슬은 전체 구슬의 $\frac{2}{5}$보다 12개 더 많고, 빨간색 구슬은 전체의 $\frac{4}{7}$보다 8개 더 적습니다. 상자 안에 들어 있는 구슬은 모두 몇 개입니까?

27 오른쪽 표에서 가로, 세로, 대각선의 세 수의 합이 모두 같습니다. ★에 알맞은 분수를 $\frac{©}{①}$이라고 할 때 ①+©의 최솟값은 얼마입니까?

$\frac{4}{5}$		
★	$\frac{3}{4}$	$\frac{2}{3}$

28 ㉠, ㉡, ㉢, ㉣이 다음을 만족할 때, $\dfrac{㉡}{㉠}+\dfrac{㉣}{㉢}$의 가장 작은 값을 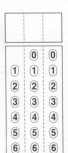라고 합니다. 이때 ■−▲의 최솟값은 얼마입니까?

> • ㉠, ㉡, ㉢, ㉣은 서로 다른 50보다 작은 수입니다.
> • ㉠, ㉡, ㉢, ㉣의 약수는 각각 3개씩입니다.

29 ㉮에서 ㉯를 빼면 $\dfrac{1}{4}$이 되고 ㉮에서 ㉰를 빼면 $\dfrac{7}{12}$이 되는 세 수 ㉮, ㉯, ㉰가 있습니다. 세 수의 합이 $1\dfrac{19}{24}$일 때 세 수 중 가장 작은 수를 $\dfrac{㉡}{㉠}$이라고 하면 ㉠+㉡의 최솟값은 얼마입니까?

30 다음 식에서 ♥와 ◆는 모두 자연수입니다. ♥와 ◆에 알맞은 수를 찾아 (♥, ◆)로 나타낸다면, (♥, ◆)는 모두 몇 가지입니까?

$$\dfrac{♥}{4}+\dfrac{5}{◆}=6$$

교과서 기본 과정

01 다음을 계산하시오.

$$36 \div 3 + (5 - 3) \times 4 - 5$$

02 ●에 알맞은 수는 얼마입니까?

$$(27 + ●) \div 8 - 5 = 4$$

03 1부터 100까지의 자연수 중 2의 배수를 ■개, 3의 배수를 ▲개라 할 때 ■−▲의 값은 얼마입니까?

04 1부터 6까지의 숫자가 써 있는 주사위를 3번 던져서 나온 숫자로 세 자리 수를 만들었습니다. 만든 수가 3과 7의 공배수 중 가장 큰 수라면 얼마입니까?

05 다음은 일정한 규칙에 따라 수를 늘어놓은 것입니다. 처음으로 200보다 큰 수가 놓이는 것은 몇 번째입니까?

4, 7, 10, 13, 16, 19, …

06 그림과 같이 성냥개비로 정삼각형을 만들었습니다. 사용한 성냥개비가 41개일 때, 만든 정삼각형은 몇 개입니까?

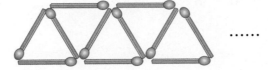

……

07 다음 분수 중에서 약분하여 $\dfrac{2}{3}$ 가 되는 분수는 모두 몇 개입니까?

$$\dfrac{20}{36}, \quad \dfrac{16}{24}, \quad \dfrac{12}{16}, \quad \dfrac{20}{35}, \quad \dfrac{8}{12}, \quad \dfrac{16}{18}$$

08 분수 $\dfrac{ⓒ}{⊙}$ 이 다음과 같을 때, ⊙ $-$ ⓒ은 얼마입니까?

- 분수 $\dfrac{ⓒ}{⊙}$ 을 기약분수로 나타내면 $\dfrac{7}{10}$ 이 됩니다.
- ⊙과 ⓒ의 합은 85입니다.

09 다음 중 분수의 합이 1보다 큰 것은 어느 것입니까?

① $\dfrac{2}{5} + \dfrac{9}{25}$　　　　② $\dfrac{1}{24} + \dfrac{11}{12}$　　　　③ $\dfrac{3}{4} + \dfrac{1}{7}$

④ $\dfrac{11}{15} + \dfrac{7}{10}$　　　　⑤ $\dfrac{5}{6} + \dfrac{1}{8}$

10 □ 안에 알맞은 수를 구하시오.

$$5\frac{8}{15} + 8\frac{11}{18} = \boxed{} - 5\frac{77}{90}$$

교과서 응용 과정

11 카레 4인분을 만들기 위해 8000원으로 필요한 채소를 살 때, 남은 돈은 얼마입니까?

- 감자 3인분 : 2400원
- 양파 2인분 : 1200원
- 당근 6인분 : 3000원

12 그림과 같이 찢어진 부분에 적힌 수는 얼마입니까?

$$7 \times 24 - (+ 7) \div 8 = 154$$

13 오른쪽과 같은 큰 직사각형을 4개의 직사각형으로 나누어 크기가 같은 작은 정사각형 모양의 색종이로 겹치지 않게 빈틈없이 덮었습니다. ㉠에는 30장, ㉡에는 27장, ㉢에는 70장이 사용되었다면 ㉣에 사용된 색종이는 몇 장이겠습니까?

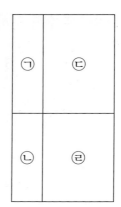

14 자연수를 1, 2, 3, 4, 5, …와 같이 차례로 늘어놓은 다음, 5의 배수를 지워 나가면 남은 수 중에서 66번째 수는 무엇입니까?

15 그림과 같이 규칙적으로 바둑돌이 놓여 있습니다. 맨 아랫줄의 바둑돌이 16개일 때, 흰색 바둑돌 수와 검은색 바둑돌 수의 차는 몇 개입니까?

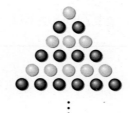

16 다음과 같은 방법으로 계속 점을 찍으면, 20번째에 찍히는 점은 몇 개 입니까?

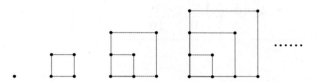

17 $\frac{3}{5}$의 분자에 어떤 수를 더하고, 분모에 40을 더했더니 분수의 크기가 변하지 않았습니다. 분자에 더한 어떤 수는 얼마입니까?

18 다음은 분수를 어떤 규칙에 의해 나열한 것입니다. 약분하여 $\frac{5}{7}$가 되는 분수는 몇 번째입니까?

$$\frac{5}{21}, \quad \frac{6}{22}, \quad \frac{7}{23}, \quad \frac{8}{24}, \quad \cdots\cdots$$

19 □ 안에 들어갈 수 있는 한 자리 수를 모두 찾아 더하면 얼마입니까?

$$\frac{1}{4} + \frac{\square}{10} > \frac{7}{10}$$

20 ■+▲=10이고, $\frac{2}{\blacksquare} + \frac{3}{\blacktriangle} = 1$입니다. 두 자연수 ■와 ▲의 차는 얼마입니까? (단, ■와 ▲는 서로 다른 자연수입니다.)

교과서 심화 과정

21 숫자 카드 2, 4, 6, 8 을 모두 사용하여 다음과 같은 식을 만들려고 합니다. 가장 큰 계산 결과는 얼마입니까? (단, 나눗셈 부분의 계산 결과는 자연수입니다.)

$$85 - \square \div \square \times \square + \square$$

22 ㉠, ㉡, ㉢ 세 수의 합은 250입니다. ㉠은 ㉡보다 30이 크고, ㉢은 ㉠ 보다 50이 작다면, 이 세 수의 최대공약수는 얼마입니까?

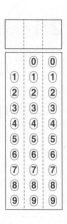

23 400부터 500까지의 자연수 중에서 홀수끼리의 합을 ☆, 짝수끼리의 합을 ▲라고 할 때, ▲와 ☆의 차는 얼마입니까?

24 분모가 96인 진분수 중에서 기약분수는 몇 개입니까?

25 분모가 12인 대분수가 2개 있습니다. 두 대분수의 합을 기약분수로 나타 내면 $7\frac{1}{2}$이고, 차를 기약분수로 나타내면 $1\frac{2}{3}$입니다. 두 대분수 중 큰 대분수를 $⊙\frac{ⓛ}{12}$이라 할 때, $⊙+ⓛ$의 값을 구하시오.

[창의 사고력 도전 문제]

26 주어진 숫자 카드는 모두 사용하고 연산 카드는 4장 중에서 3장을 사 용하여 만들 수 있는 식의 계산 결과 중 가장 큰 자연수와 가장 작은 자 연수의 차를 구하시오. (단, ( )는 사용할 수 없습니다.)

숫자 카드   연산 카드

2   4   6   8   +   −   ×   ÷

27 어떤 수 ㉮를 ㉯로 나누었을 때, 그 나머지를 기호 <㉮, ㉯>로 나타 내기로 했습니다. 예를 들어, 29를 7로 나누었을 때의 나머지는 1이므 로 <29, 7>=1입니다. 두 개의 자연수 ㉰, ㉱에 대해서 <㉰, 6>+<㉱, 6>=9라면, <㉰+㉱, 6>은 얼마입니까?

28 그림과 같이 한 변의 길이가 5 cm인 정사각형 50개를 붙여 놓은 도형
에서 찾을 수 있는 크고 작은 삼각형은 모두 몇 개입니까?

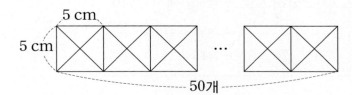

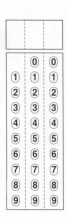

29 주어진 식에서 ㉠, ㉡은 자연수입니다. ㉠, ㉡에 알맞은 수를 찾아
(㉠, ㉡)으로 나타낸다면, (㉠, ㉡)은 모두 몇 가지입니까?

$$\frac{㉠}{3}+\frac{4}{㉡}=5$$

30 □안에 공통으로 들어갈 수 있는 수는 얼마입니까?

$$\frac{3}{4}+\frac{□}{5}+\frac{□}{15}+\frac{2}{3}+\frac{□}{45}=2\frac{103}{180}$$

교과서 기본 과정

01 □ 안에 들어갈 수 있는 자연수는 모두 몇 개입니까?

$$70 - 6 \times 8 \div 4 > \square$$

02 다음에서 어떤 수는 얼마입니까?

56에서 어떤 수를 뺀 후 6배 한 수는 120을 4로 나눈 몫보다 48이 큽니다.

03 12와 15의 최소공배수를 ▲라 하고, 8과 20의 최대공약수를 ■라 할 때, ▲＋■는 얼마입니까?

04 수 9612에 대하여 바르게 설명한 것은 어느 것입니까?

① 짝수이고 5의 배수입니다.
② 홀수이고 4의 배수입니다.
③ 4의 배수이고 9의 배수입니다.
④ 5의 배수이고 6의 배수입니다.
⑤ 6의 배수이고 8의 배수입니다.

05 높이가 240 cm인 물탱크에 수도관으로 물을 넣을 때 시간과 물의 높이 사이의 대응 관계를 나타낸 표입니다. 빈 물탱크를 가득 채우는 데 걸리는 시간은 몇 분입니까?

시간(분)	1	2	3	4	5
높이(cm)	3	6	9	12	15

06 ●와 ▲ 사이의 대응 관계를 이용하여 ㉮와 ㉯에 알맞은 수를 찾아 ㉮와 ㉯의 합을 구하면 얼마입니까?

●	4	8	12	16	…	40	㉯
▲	7	15	23	31	…	㉮	87

07 막대를 세 가지 색으로 나누어 칠하였습니다. 막대의 $\frac{1}{4}$은 빨간색으로, 막대의 $\frac{2}{3}$는 노란색으로, 나머지 12 cm는 파란색으로 칠하였다면, 이 막대 전체의 길이는 몇 cm입니까?

08 □ 안에 들어갈 수 있는 자연수는 모두 몇 개입니까?

$$\frac{1}{7} < \frac{\square}{21} < \frac{2}{3}$$

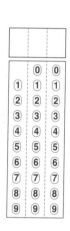

09 우유가 $1\frac{3}{4}$ L 있었는데 그중에서 오빠는 $\frac{5}{8}$ L, 동생은 $\frac{4}{5}$ L를 마셨습니다. 남은 우유가 $\frac{\bigcirc}{\bigcirc}$ L라고 할 때 $\bigcirc+\bigcirc$의 최솟값을 구하시오.

10 □ 안에 알맞은 수를 ㉠$\frac{㉢}{㉡}$으로 나타낼 때 ㉠+㉡+㉢의 최솟값을 구하시오.

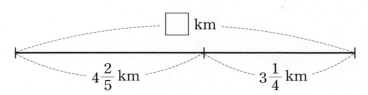

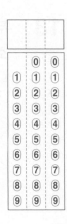

교과서 응용 과정

11 유승이는 형이 집을 출발한 지 20분 후에 자전거를 타고 형을 만나기 위해 집에서 출발했습니다. 유승이의 형은 1분에 50 m씩 걸어가고 유승이는 1분에 250 m씩 자전거를 타고 간다고 할 때, 유승이는 출발한 지 몇 분 후에 형과 만납니까?

12 한쪽에 2명씩 앉을 수 있는 정사각형 모양의 식탁 20개를 한 줄로 길게 이어 붙이면 모두 몇 명이 앉을 수 있습니까?

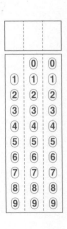

13 두 자연수가 있습니다. 이 두 자연수의 합은 192이고, 두 자연수의 최소공배수는 560, 최대공약수는 16입니다. 이 두 자연수의 차는 얼마입니까?

14 크고 작은 2개의 주사위가 있습니다. 이 두 주사위를 동시에 던져서 나오는 큰 주사위의 눈을 십의 자리 숫자로 하고, 작은 주사위의 눈을 일의 자리 숫자로 할 때, 5로 나누어떨어지는 수는 모두 몇 개 만들 수 있습니까?

15 그림과 같이 클립으로 정사각형을 만들려고 합니다. 정사각형을 20개 만들려면 클립은 모두 몇 개가 필요합니까?

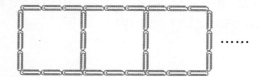

......

16 다음을 계산하였을 때, 일의 자리 숫자는 무엇입니까?

$$9 \times 9 \times 9 \times 9 \times 9 \times 9 \times 9 \times 9 \times 9 \times 9 \times 9 \times 9$$

17 다음은 분수들을 기약분수로 나타낸 것입니다. ▲, ■, ●, ★, ♣, ◆ 가 나타내는 수 중에서 가장 큰 수와 가장 작은 수의 합은 얼마입니까?

$$\frac{48}{120} = \frac{▲}{■}, \quad \frac{13}{52} = \frac{●}{★}, \quad \frac{39}{91} = \frac{♣}{◆}$$

18 1부터 10까지의 자연수 중에서 □ 안에 들어갈 수 있는 수는 모두 몇 개입니까?

$$\frac{7}{9} + \frac{\square}{39} < 1$$

19 세 수의 합을 기약분수로 나타내면 $\dfrac{\bigcirc}{\bigcirc}$입니다. 이때 $\bigcirc+\bigcirc$의 값을 구하시오.

$$\frac{1}{42}+\frac{1}{48}+\frac{1}{56}$$

20 □ 안에 알맞은 수는 얼마입니까?

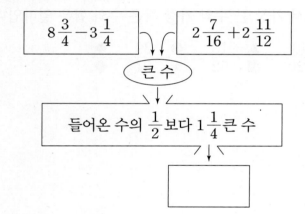

$$8\frac{3}{4}-3\frac{1}{4} \qquad 2\frac{7}{16}+2\frac{11}{12}$$

큰 수

들어온 수의 $\dfrac{1}{2}$보다 $1\dfrac{1}{4}$큰 수

교과서 심화 과정

21 가♥나＝가×12－(24－9÷나)×나로 약속할 때, □ 안에 알맞은 수는 얼마입니까?

$$\boxed{}♥3＝117$$

22 $\dfrac{\bigcirc}{\bigcirc \times \bigcirc} = \dfrac{1}{250}$ 입니다. ㉠에 알맞은 수 중에서 가장 작은 수는 얼마입니까?

23 서로 다른 세 자연수 15, 40, ㉠이 있습니다. 이 세 수의 최대공약수는 5이고 최소공배수는 120일 때, ㉠이 될 수 있는 수는 모두 몇 개입니까? (단, ㉠은 50보다 작은 수입니다.)

24 기본 점수 100점에서 시작하여 문제를 풀 때마다 맞으면 4점을 더하고, 틀리면 1점을 빼는 퀴즈대회가 있습니다. 이때, 동민이가 기본 점수 100점에서 시작하여 25문제를 풀고 140점을 얻었다면 동민이는 몇 문제를 맞았습니까?

25 길이가 $4\frac{3}{5}$ m, $2\frac{3}{4}$ m, $1\frac{3}{8}$ m인 세 개의 색 테이프를 겹쳐서 한 줄로 길게 이어 붙였을 때, 그 길이가 $8\frac{9}{40}$ m였습니다. 겹쳐진 부분의 길이를 같게 했다면 몇 cm씩 겹쳐서 붙인 것입니까?

창의 사고력 도전 문제

26 다음 식의 ○ 안에 +를 2개, ×를 2개 써넣어 계산하려고 합니다. 계산 결과가 가장 클 때와 가장 작을 때의 계산 결과의 차는 얼마입니까?

$$5 \bigcirc 6 \bigcirc (7 \bigcirc 8) \bigcirc 9$$

27 ㉠83㉡은 네 자리 수이고, 36으로 나누면 나누어떨어집니다. ㉠에 들어갈 수 있는 숫자들의 합은 얼마입니까?

28 한 변의 길이가 1 cm인 정사각형을 다음 그림과 같은 규칙으로 붙여서 도형을 만들어 나갈 때, 15번째에 만들어지는 도형의 둘레의 길이는 몇 cm입니까?

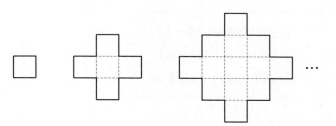

29 다음과 같이 나열된 분수 중 약분할 수 없는 분수는 모두 몇 개입니까?

$$\frac{14}{144},\ \frac{15}{144},\ \frac{16}{144},\ \cdots,\ \frac{84}{144},\ \frac{85}{144}$$

30 □ 안에 공통으로 들어갈 수는 얼마입니까?

$$\frac{1}{\square+1}+\frac{2}{\square+1}+\frac{3}{\square+1}+\cdots+\frac{\square-1}{\square+1}+\frac{\square}{\square+1}=16$$

교과서 기본 과정

01 계산 결과가 가장 큰 것을 찾아 번호를 쓰시오.

> ① $28 + 32 \div (16 - 12)$
> ② $70 - 7 \times (24 - 20)$
> ③ $(27 + 64) \div 13 + 30$

02 기념품 840개를 3일 동안 관람객에게 매일 똑같은 수만큼 나누어 주려고 합니다. 첫날 오전에 남학생 32명과 여학생 53명에게 2개씩 나누어 주었습니다. 첫날 오후에 나누어 줄 수 있는 기념품은 몇 개입니까?

03 왼쪽 수는 오른쪽 수의 배수입니다. □ 안에 들어갈 수 있는 수들의 합은 얼마입니까?

> $(36, \boxed{})$

04 사과 70개, 감 195개, 배 260개를 몇 명의 어린이에게 똑같이 나누어 준다면 사과는 8개 부족하고, 감은 13개 남고, 배는 딱 맞는다고 합니다. 어린이는 모두 몇 명입니까?

05 ■와 ● 사이의 대응 관계를 나타낸 표입니다. ■가 15일 때 ●의 값은 얼마입니까?

■	3	4	5	6	⋯	15
●	9	12	15	18	⋯	

06 다음은 서울과 런던의 시각 사이의 대응 관계를 나타낸 표입니다. 어느 날 서울의 시각이 오전 10시일 때 런던의 시각은 오전 몇 시입니까?

서울	오후 1시	오후 3시	오후 5시	오후 7시
런던	오전 4시	오전 6시	오전 8시	오전 10시

07 다음 중에서 가장 큰 분수는 어느 것입니까?

① $\dfrac{5}{7}$ ② $\dfrac{7}{9}$ ③ $\dfrac{2}{3}$

④ $\dfrac{2}{15}$ ⑤ $\dfrac{3}{20}$

08 분수를 가장 큰 수부터 차례로 쓸 때, $\dfrac{9}{7}$ 는 몇 번째에 놓이게 됩니까?

$$1\dfrac{3}{8} \qquad \dfrac{9}{7} \qquad \dfrac{3}{3} \qquad 2\dfrac{1}{4} \qquad \dfrac{11}{6}$$

09 예슬이가 20 m의 철사를 가지고 한 변이 $2\dfrac{2}{5}$ m인 정삼각형을 2개 만들었습니다. 남은 철사의 길이를 $\dfrac{\bigcirc}{\bigcirc}$ m라 할 때, $\bigcirc + \bigcirc + \bigcirc$ 의 최솟값은 얼마입니까?

10 어떤 수에 $4\frac{5}{8}$ 를 더해야 할 것을 잘못하여 빼었더니 $2\frac{5}{12}$ 가 되었습니다. 어떤 수를 기약분수로 나타내면 $\textcircled{ㄱ}\frac{\textcircled{ㄷ}}{\textcircled{ㄴ}}$ 일 때 $\textcircled{ㄱ}+\textcircled{ㄴ}+\textcircled{ㄷ}$ 의 값을 구하시오.

[교과서 응용 과정]

11 다음과 같이 약속할 때 $4☆(9☆7)$ 의 값을 구하시오.

$$\textcircled{가}☆\textcircled{나}=(\textcircled{가}\times\textcircled{나})-(\textcircled{가}+\textcircled{나})$$

12 □ 안에 알맞은 수를 구하시오.

$$680\div4-(12+\boxed{})\times4=78$$

13 다음 두 수의 최대공약수가 45일 때, 최소공배수는 얼마입니까?

$$3 \times 5 \times \bullet, \ 2 \times 3 \times 3 \times 3 \times 5 \times \bullet$$

14 다음 조건을 만족하는 가장 큰 자연수 가는 얼마입니까?

- 가와 120의 최대공약수는 15입니다.
- 가와 168의 최대공약수는 21입니다.
- 가는 560보다 작습니다.

15 예슬이네 모둠은 모두 8명입니다. 모든 사람이 서로 한 번씩 가위바위보를 하려면 예슬이네 모둠에서는 모두 몇 번의 가위바위보를 해야 합니까?

16 수건돌리기를 하려고 학생들이 일정한 간격으로 둘러 앉아 원 모양을 만들었습니다. 두 번째 사람이 10번째 사람과 마주 보고 있다면 둘러 앉은 학생은 모두 몇 명입니까?

17 □ 안에 알맞은 수를 구하시오.

$$\frac{7}{8} = \frac{35+\square}{29+43}$$

18 $\frac{4}{9} < \frac{8}{\square} < 1$에서 □ 안에 들어갈 수 있는 자연수들의 합을 구하시오.

19 가를 기약분수로 나타내면 $㉠\dfrac{㉢}{㉡}$일 때, $㉠×㉡-㉢$은 얼마입니까?

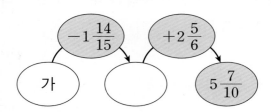

$$-1\dfrac{14}{15} \qquad +2\dfrac{5}{6}$$

가 ○ $5\dfrac{7}{10}$

⓪	⓪
①	①
②	②
③	③
④	④
⑤	⑤
⑥	⑥
⑦	⑦
⑧	⑧
⑨	⑨

20 7을 분모로 하는 두 가분수의 합은 $4\dfrac{5}{7}$입니다. 한 가분수의 분자가 다른 가분수의 분자의 2배라면 두 가분수 중 큰 가분수의 분자와 분모의 합은 얼마입니까?

⓪	⓪	⓪
①	①	①
②	②	②
③	③	③
④	④	④
⑤	⑤	⑤
⑥	⑥	⑥
⑦	⑦	⑦
⑧	⑧	⑧
⑨	⑨	⑨

[교과서 심화 과정]

21 숫자 카드 2 , 4 , 8 을 모두 사용하여 다음과 같은 식을 만들려고 합니다. 계산 결과가 가장 클 때와 가장 작을 때의 차는 얼마입니까?

$$64 \div (\square \times \square) + \square$$

⓪	⓪	⓪
①	①	①
②	②	②
③	③	③
④	④	④
⑤	⑤	⑤
⑥	⑥	⑥
⑦	⑦	⑦
⑧	⑧	⑧
⑨	⑨	⑨

22 그림과 같은 삼각형 모양의 밭 둘레에 말뚝을 박아 울타리를 만들려고 합니다. 모두 같은 간격으로 말뚝을 박으려고 합니다. 말뚝의 수를 가장 적게 할 경우 말뚝은 모두 몇 개 필요합니까? (단, 꼭짓점에는 반드시 말뚝을 박아야 합니다.)

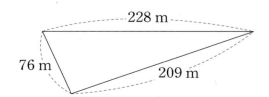

	⓪	⓪
①	①	①
②	②	②
③	③	③
④	④	④
⑤	⑤	⑤
⑥	⑥	⑥
⑦	⑦	⑦
⑧	⑧	⑧
⑨	⑨	⑨

23 길이가 30 cm인 막대와 50 cm인 막대를 합하여 모두 24개 있습니다. 이 막대들을 한 줄로 서로 겹치지 않게 모두 이어 붙였더니 총 길이는 800 cm가 되었습니다. 길이가 30 cm인 막대의 개수는 길이가 50 cm인 막대의 개수의 몇 배입니까?

	⓪	⓪
①	①	①
②	②	②
③	③	③
④	④	④
⑤	⑤	⑤
⑥	⑥	⑥
⑦	⑦	⑦
⑧	⑧	⑧
⑨	⑨	⑨

24 다음과 같은 규칙으로 늘어놓은 24개의 분수 중에서 약분하면 자연수가 되는 분수를 뺀 나머지 분수들의 합을 구하면 얼마입니까?

$$\frac{1}{5}, \ \frac{2}{5}, \ \frac{3}{5}, \ \frac{4}{5}, \ \cdots, \ \frac{22}{5}, \ \frac{23}{5}, \ \frac{24}{5}$$

	⓪	⓪
①	①	①
②	②	②
③	③	③
④	④	④
⑤	⑤	⑤
⑥	⑥	⑥
⑦	⑦	⑦
⑧	⑧	⑧
⑨	⑨	⑨

25 ㉮에서 ㉯를 빼면 $\frac{1}{5}$이 되고, ㉮에서 ㉰를 빼면 $\frac{7}{15}$이 되는 세 분수 ㉮, ㉯, ㉰가 있습니다. 세 분수의 합이 $1\frac{2}{15}$일 때, ㉮의 분모와 분자의 차는 얼마입니까? (단, ㉮는 기약분수입니다.)

[창의 사고력 도전 문제]

26 달걀 900개를 1개에 100원씩 주고 사 오다가 45개를 깨뜨리고 나머지는 1개에 150원씩 팔았습니다. 달걀을 팔아 생긴 이익금을 몇 명이 똑같이 나누었더니 7650원씩 갖게 되었습니다. 모두 몇 명이 이익금을 나누어 가졌습니까?

27 운동장에서 계단오르기를 하였습니다. 석기는 2계단씩, 영수는 3계단씩 뛰어올랐습니다. 계단을 세어 보니 모두 120개였습니다. 석기와 영수가 모두 밟은 계단 수와 아무도 밟지 않은 계단 수의 차는 몇 개입니까?

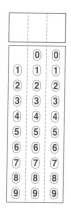

28 수들을 어떤 기준에 따라 다음과 같이 네 그룹으로 나누고 있습니다. 이 기준을 따를 때, [보기]에 있는 수 중에서 3그룹에 들어가야 하는 수들을 모두 찾아 더하면 얼마입니까?

> 1그룹 ➡ (13, 21, 5, ···, 1, 17, 9, ···)
> 2그룹 ➡ (22, 10, 14, ···, 6, 2, 18, ···)
> 3그룹 ➡ (7, 15, 19, ···, 3, 11, 23, ···)
> 4그룹 ➡ (12, 20, 4, ···, 8, 24, 16, ···)

> [보기]
> 48, 59, 161, 199, 202, 300, 327

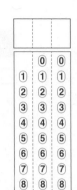

29 1보다 크고 200보다 작은 수 중에서 약수의 개수가 홀수인 수는 모두 몇 개입니까?

30 네 개의 서로 다른 수 ㉠, ㉡, ㉢, ㉣이 있습니다. ㉠과 ㉡은 짝수이고, ㉢과 ㉣은 홀수이며, $\dfrac{1}{㉠}+\dfrac{1}{㉡}=\dfrac{1}{㉢}+\dfrac{1}{㉣}$ 입니다. ㉠+㉡ 중 가장 작은 수는 얼마입니까?

🌸 부록에 있는 OMR 카드를 사용해 보세요.

교과서 기본 과정

01 □ 안에 알맞은 수는 얼마입니까?

$$84 \div 6 \times \boxed{} = 112$$

(   )

02 □ 안에 들어갈 수 있는 자연수는 모두 몇 개입니까?

$$\boxed{} + 3 \times 7 < 24 + 108 \div 9$$

(   )개

03 다음 세 자리 수가 7의 배수일 때, □ 안에 알맞은 숫자를 구하시오.

$$24\boxed{}$$

(   )

04 다섯 자리 자연수 89㉠5㉡이 있습니다. 이 수가 6의 배수이면서 가장 큰 수일 때, ㉠+㉡은 얼마입니까?

(   )

05 ♠와 ★의 대응 관계에 대한 두 친구의 대화입니다. 표를 보고 ㉠과 ㉡의 합을 구하시오.

♠	10	14	8	11	22	⋯
★	3	7	1	4	15	⋯

영수 : ♠와 ★의 대응 관계를 식으로 나타내면 ★＝♠－㉠이야.
동민 : ★이 21일 때, ♠는 ㉡이야.

(   )

06 다음과 같은 방법으로 끈을 잘라 여러 도막으로 나누려고 합니다. 끈을 25도막으로 나누려면 몇 번을 잘라야 합니까?

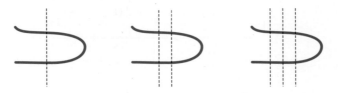

자른 횟수(번)	1	2	3	4	5	6	⋯
도막의 수(개)	3	5	7	9	11	13	⋯

(   )번

07 $\dfrac{2}{5}$의 분모와 분자에 같은 수를 더한 후 약분하였더니 $\dfrac{2}{3}$가 되었습니다. 얼마를 더하였습니까?

(   )

08 어떤 분수의 분모에서 5를 뺀 후 분모와 분자를 3으로 약분하였더니 $\dfrac{3}{7}$이 되었습니다. 처음 분수의 분모와 분자의 합은 얼마입니까?

(   )

09 다음을 계산한 값을 가분수로 나타내면 $\dfrac{\square}{20}$입니다. $\square$ 안에 알맞은 수는 얼마입니까?

$$23\dfrac{1}{4}+10\dfrac{2}{5}-8\dfrac{7}{10}$$

(   )

10 무게가 같은 과일 6개를 그릇에 담아 무게를 재어 보니 $4\frac{1}{2}$ kg이었습니다. 과일 4개를 빼고 무게를 재어 보니 $2\frac{1}{10}$ kg이었습니다. 그릇의 무게가 $\frac{\blacktriangle}{\blacksquare}$ kg이라면 $\frac{\blacktriangle}{\blacksquare}\times10$의 값은 얼마입니까?

(   )

> 교과서 응용 과정

11 두 식 ㉠과 ㉡의 계산 결과의 차는 얼마입니까?

> ㉠ $5\times9+4\times(20-8)$ ㉡ $215\div5\times6-75\div3$

(   )

12 사과 한 개의 무게는 340 g이고 귤 3개의 무게는 255 g입니다. 사과 3개의 무게는 귤 5개의 무게보다 몇 g이 더 무겁습니까?

(   )g

13 보기의 조건을 모두 만족하는 자연수 A와 B의 차는 얼마입니까?

> 보기
> ㉠ A, B는 50보다 크고 100보다 작은 수입니다.
> ㉡ A, B는 2의 배수이면서 7의 배수입니다.
> ㉢ $\dfrac{B}{A}$ 는 1.5보다 크고 2보다 작은 수입니다.

(   )

14 1000보다 작은 짝수 중에서 9의 배수는 모두 몇 개입니까?

(   )개

15 다음과 같이 규칙적으로 분수를 늘어놓았습니다. 30번째 분수를 ㉠$\dfrac{㉢}{㉡}$이라고 할 때, ㉠+㉡+㉢은 얼마입니까?

> $1\dfrac{2}{3}, \ 1\dfrac{3}{5}, \ 1\dfrac{4}{7}, \ 1\dfrac{5}{9}, \ 1\dfrac{6}{11}, \ \cdots$

(   )

16 다음 그림과 같이 성냥개비를 사용하여 일정한 규칙에 따라 삼각형 모양을 만들었습니다. 10번째 그림에서 사용한 성냥개비는 몇 개입니까?

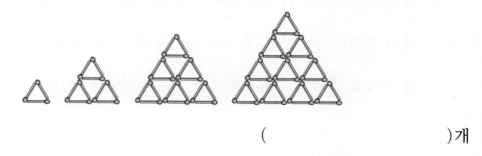

(   )개

17 $\dfrac{5}{9} < \dfrac{10}{\square} < 1$에서 $\square$ 안에 들어갈 수 있는 자연수들의 합은 얼마입니까?

(   )

18 약 2500년전 피타고라스는 두 음의 진동수로 분수를 만들어 기약분수로 나타내었을 때 분모와 분자가 모두 7보다 작으면 잘 어울리는 음이고, 그렇지 않으면 잘 어울리지 않는 음이라고 생각했습니다. 다음 중 잘 어울리지 않는 음은 어느 것입니까? (   )

음	도	레	미	파	솔	라	시	(높은)도
진동수	264	297	330	352	396	440	495	528

① 도—미   ② 미—솔   ③ 파—시
④ 솔—(높은)도   ⑤ 파—(높은)도

19 학생들이 좋아하는 운동을 조사했습니다. 축구를 좋아하는 학생은 전체의 $\frac{9}{16}$ 이고, 농구를 좋아하는 학생은 전체의 $\frac{7}{20}$ 입니다. 축구와 농구를 모두 좋아하지 않는 학생이 전체의 $\frac{3}{10}$ 일 때, 축구와 농구를 모두 좋아하는 학생은 전체의 $\frac{\bigcirc}{\bigcirc}$ 입니다. 이때 ㉠+㉡의 값을 구하시오. $\left(\text{단, } \frac{\bigcirc}{\bigcirc} \text{은 기약분수입니다.}\right)$

(   )

20 식이 맞도록 ○ 안에 들어갈 + 또는 − 를 차례로 쓴 것은 어느 것입니까?

(   )

$$6\frac{2}{9} \bigcirc 5\frac{8}{9} \bigcirc 4\frac{2}{9} \bigcirc 2\frac{1}{9} = 2\frac{4}{9}$$

① +, −, −   ② −, +, −   ③ +, +, −
④ −, +, +   ⑤ +, +, +

교과서 심화 과정

21 가영이는 둘레의 길이가 450 m인 호수 둘레에 250 cm 간격으로 꽃을 심었습니다. 꽃의 값이 4송이에 3200원이었다면 꽃의 값은 모두 □원입니다. 이때 □÷1000의 값은 얼마입니까?

(   )

22 주사위를 차곡차곡 쌓아서 상자 모양을 만들었습니다. 이 상자 모양을 앞에서 보니 주사위가 72개, 위에서 보니 32개, 옆에서 보니 36개가 보였습니다. 쌓여 있는 주사위는 모두 몇 개입니까?

(   )개

23 한별이는 형이 집을 떠난 지 15분 후에 자전거를 타고 형을 만나기 위해 집에서 출발했습니다. 형은 1분에 55 m씩 걸어가고 한별이는 1분에 220 m씩 자전거를 타고 간다고 할 때, 한별이는 출발한지 몇 분 후에 형과 만나겠습니까?

(   )분 후

24 분모가 9인 분수와 분모가 5인 분수가 있습니다. 두 분수의 분자끼리의 합은 6이고, 분자끼리의 차는 2일 때, 두 분수의 합을 기약분수로 나타내면 $\frac{\bigcirc}{\bigcirc}$입니다. $\bigcirc+\bigcirc$은 얼마입니까? (단, 분모가 9인 분수의 분자가 분모가 5인 분수의 분자보다 큽니다.)

(   )

25 $\dfrac{1}{가} + \dfrac{1}{나} + \dfrac{1}{다} = \dfrac{13}{16}$ 인 세 수 가, 나, 다 중 가장 작은 수는 얼마입니까?

(   )

창의 사고력 도전 문제

26 □ 안에 2, 4, 6, 8, 9를 모두 한 번씩 써넣어 계산한 값이 자연수일 때 가장 큰 값은 얼마입니까? (단, □□는 두 자리 수, □는 한 자리 수입니다.)

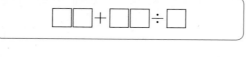

$$\Box\Box + \Box\Box \div \Box$$

(   )

27 ㄱ > ㄴ > ㄷ인 세 자연수가 있습니다. ㄱ과 ㄴ의 최대공약수는 25이고, 최소공배수는 250입니다. ㄴ과 ㄷ의 최대공약수는 10이고, 최소공배수는 50입니다. 자연수 ㄱ은 얼마입니까?

(   )

28 다음은 어떤 규칙으로 수를 늘어놓은 것입니다. 이와 같은 규칙으로 수를 늘어놓을 때 $\dfrac{10}{10}$ 은 몇 번째 수입니까?

$$\frac{2}{2},\ \frac{2}{4},\ \frac{3}{3},\ \frac{2}{6},\ \frac{3}{5},\ \frac{4}{4},\ \frac{2}{8},\ \frac{3}{7},\ \frac{4}{6},\ \frac{5}{5},\ \frac{2}{10},\ \frac{3}{9},\ \cdots$$

(   ) 번째

29 1, 2, 3, 4, 5, 6, 7 중에서 세 개의 숫자로 4보다 크고 7보다 작은 대분수를 만들었습니다. 만든 대분수를 가분수로 고쳤을 때 기약분수는 몇 개입니까?

(   ) 개

30 수직선에서 점 ㉮를 확대하였더니 다음과 같았습니다. 점 ㉮가 $12\dfrac{\text{㉡}}{\text{㉠}}$ 일 때, ㉠－㉡은 얼마입니까? $\left(\text{단, } 12\dfrac{\text{㉡}}{\text{㉠}} \text{은 기약분수입니다.}\right)$

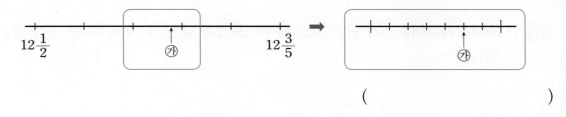

(   )

🌸 부록에 있는 OMR 카드를 사용해 보세요.

교과서 기본 과정

01 □ 안에 알맞은 수는 얼마입니까?

$$14 \times 6 + \boxed{} \div 4 = 100$$

(   )

02 다음 식이 성립하도록 ○ 안에 +, −, ×, ÷를 알맞게 써넣은 것은 어느 것입니까?

(   )

$$15 \bigcirc 24 \bigcirc 3 + 5 = 28$$

① +, −
② +, ×
③ +, ÷
④ ×, ÷
⑤ −, ÷

03 3으로 나누어도 2가 남고, 5로 나누어도 2가 남는 두 자리 수 중 가장 작은 수는 얼마입니까?

(   )

04 두 수의 최대공약수와 최소공배수의 합은 얼마입니까?

> 52, 78

(   )

05 대응표를 보고 ■와 ▲ 사이의 대응 관계를 식으로 나타내었습니다. ㉠과 ㉡의 합을 구하시오.

■	1	2	3	4	5	6
▲	5	8	11	14	17	20

$$▲ = ■ × ㉠ + ㉡$$

(   )

06 올림픽은 4년마다 열리는 국제 스포츠대회입니다. 제1회 올림픽은 그리스 아테네에서 1896년에 열렸습니다. 뮌헨에서 열린 제20회 올림픽이 열린 해는 언제입니까?

(   )

① 1968년   ② 1972년   ③ 1976년

④ 1980년   ⑤ 1984년

07 □ 안에 들어갈 수 있는 자연수는 얼마입니까?

$$\frac{2}{3} < \frac{\square}{15} < \frac{4}{5}$$

(   )

08 다음 두 분수를 통분하려고 합니다. 공통분모가 될 수 있는 수 중에서 가장 작은 세 자리 수를 구하시오.

$$\frac{5}{14} \qquad \frac{13}{35}$$

(   )

09 □ 안에 알맞은 수는 얼마입니까?

$$5 - 1\frac{5}{7} - 2\frac{4}{5} = \frac{\square}{35}$$

(   )

10 $\dfrac{\bigcirc}{4}+\dfrac{\bigcirc}{6}=1$을 만족하는 자연수 ㉠과 ㉡의 차는 얼마입니까?

(   )

교과서 응용 과정

11 □ 안에 알맞은 수는 얼마입니까?

$$12\times(8+6)-100=(32-\boxed{})\times(32\div8)$$

(   )

12 복숭아 7개와 1개에 1200원 하는 사과 4개를 사고 10000원을 냈더니 300원을 거슬러 주었습니다. 복숭아 1개의 값은 얼마입니까?

(   )원

13 서로 맞물려 도는 두 톱니바퀴 ㉮, ㉯가 있습니다. ㉮의 톱니 수는 24개, ㉯의 톱니 수는 36개일 때, 처음에 맞물려 있던 톱니가 다시 같은 자리에서 만나려면 ㉯ 톱니바퀴는 최소 몇 바퀴를 돌아야 합니까?

(   )바퀴

14 어떤 자연수로 75를 나누면 3이 남고, 113을 나누면 5가 남습니다. 이러한 자연수 중에서 가장 큰 수는 무엇입니까?

(   )

15 3, 4, 5, 6을 오른쪽 그림의 ㉮, ㉯, ㉰, ㉱에 한 번씩만 쓴 후 [보기]와 같은 규칙으로 계산하려고 합니다. ㉲에 올 수 있는 가장 작은 수는 얼마입니까?

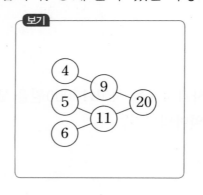

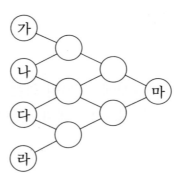

(   )

16 한 변이 3 cm인 정삼각형을 그림과 같이 일정한 규칙으로 늘어놓고 있습니다. 한 변이 3 cm인 정삼각형의 개수가 36개일 때, 가장 큰 정삼각형의 세 변의 길이의 합은 몇 cm입니까?

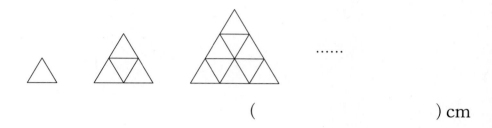

(   ) cm

17 다음 중 가장 긴 색 테이프를 가지고 있는 학생은 누구입니까? (   )

- 용희는 $4\dfrac{7}{12}$ m를 가지고 있습니다.
- 영수는 50 m의 $\dfrac{1}{12}$ 을 가지고 있습니다.
- 한초는 4 m를 가지고 있습니다.
- 석기는 $\dfrac{38}{9}$ m를 가지고 있습니다.
- 예슬이는 27 m의 $\dfrac{1}{6}$ 을 가지고 있습니다.

① 용희   ② 영수   ③ 한초
④ 석기   ⑤ 예슬

18 $\dfrac{24}{56}$ 의 분모에서 42를 빼고, 분자에서 얼마를 뺐더니 처음과 크기가 같은 분수가 되었습니다. 분자에서 얼마를 뺀 것입니까?

(   )

19 분모가 13인 두 진분수의 합이 $1\frac{7}{13}$ 이라고 합니다. 한 분수의 분자가 다른 분수의 분자보다 4만큼 클 때, 두 분수 중 작은 분수의 분모와 분자의 차는 얼마입니까?

( )

20 어떤 물통에 물을 가득 채우는 데 ㉮수도관만 사용하면 30분, ㉯수도관만 사용하면 24분, ㉮, ㉯, ㉰ 세 개의 수도관 모두 사용하면 10분이 걸립니다. ㉰수도관만을 사용하여 물통을 가득 채우려면 몇 분이 걸리는지 구하시오.

( )분

교과서 심화 과정

21 □ 안에 공통으로 들어갈 수 있는 자연수를 모두 찾아 합을 구하면 얼마입니까?

㉠ $360 \div 5 - 12 \times 4 > 56 \div 14 \times \square$

㉡ $24 \times 3 + 48 \div 4 < 64 \div 2 \times \square$

( )

22 약수의 개수가 3개인 수 중에서 가장 작은 세 자리 수는 얼마입니까?

( )

23 한 개의 통나무를 두 개의 톱을 사용하여 자르려고 합니다. 이 통나무를 한 번 자르는 데 ㉮톱으로는 8분, ㉯톱으로는 9분이 걸립니다. ㉮톱으로 먼저 자른 후 ㉯톱을 사용하고, 다시 ㉮톱을 사용하는 순서로 쉬지 않고 번갈아 가며 톱질을 할 때, 이 통나무를 10도막으로 자르려면 적어도 몇 분이 걸리겠습니까?

( )분

24 분모가 50인 진분수 중에서 약분할 수 있는 분수는 모두 몇 개입니까?

( )개

25 분모가 13인 세 진분수 ㉠, ㉡, ㉢이 있습니다. 세 진분수의 합은 2이고, 세 진분수의 분자는 ㉠이 ㉡보다 3 작고, ㉡이 ㉢보다 2 작다고 합니다. 가장 큰 진분수의 분자는 얼마입니까?

(   )

창의 사고력 도전 문제

26 □ 안에 주어진 수와 연산 기호, ( )를 한 번씩 써넣어 식을 만들려고 합니다. 계산 결과가 가장 큰 자연수가 되도록 식을 만들 때, 가장 큰 계산 결과는 얼마입니까?

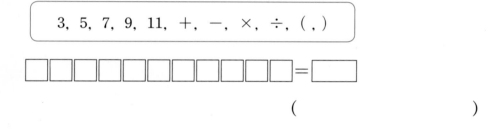

(   )

27 두 수의 곱이 7007이고, 각각의 수는 7로 나누어떨어집니다. 두 수가 모두 7이 아닐 때 두 수의 차는 얼마입니까?

(   )

28 다음과 같이 자연수를 나열해 갈 때, 3행 4열의 수는 12입니다. 4행 13열에 오는 수는 얼마입니까?

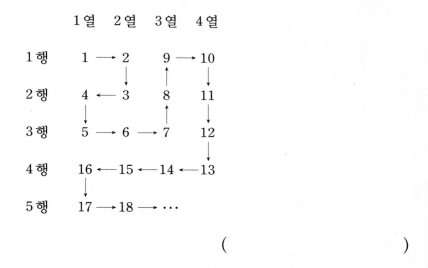

(   )

29 4장의 숫자 카드 [2], [3], [4], [5]를 모두 사용하여 분모와 분자가 각각 두 자리 수인 ⬚⬚ 의 분수를 만들 때, 만들어진 분수 중 기약분수는 모두 몇 개입니까?

(   )개

30 $\frac{4}{9}$에 분모가 두 자리 수인 어떤 분수를 더했더니 기약분수 $\frac{ⓒ}{ⓐ}$이 되었습니다. 이와 같이 계산한 값 중에서 $\frac{ⓒ}{ⓐ}$이 가장 작을 때, ⓐ+ⓒ은 얼마입니까?

(   )

KMA 한국수학학력평가

수 험 번 호 (1)

생 년 월 일 (2)
년 | 월 | 일

감독자
확인란

번호	1번	2번	3번	4번	5번	6번	7번	8번	9번	10번
답란	백 십 일	백 십 일	백 십 일	백 십 일	백 십 일	백 십 일	백 십 일	백 십 일	백 십 일	백 십 일

답표기란

번호	11번	12번	13번	14번	15번	16번	17번	18번	19번	20번
답란	백 십 일	백 십 일	백 십 일	백 십 일	백 십 일	백 십 일	백 십 일	백 십 일	백 십 일	백 십 일

답표기란

번호	21번	22번	23번	24번	25번	26번	27번	28번	29번	30번
답란	백 십 일	백 십 일	백 십 일	백 십 일	백 십 일	백 십 일	백 십 일	백 십 일	백 십 일	백 십 일

답표기란

1. 모든 항목은 컴퓨터용 사인펜만 사용하여 보기와 같이 표기하시오.

   보기) ① ❷ ③

   ※ 잘못된 표기 예시 : ⊘ ⊗ ⊙ ∅

2. 수정시에는 수정테이프를 이용하여 깨끗하게 수정합니다.

3. 수험번호(1), 생년월일(2)란에는 감독 선생님의 지시에 따라 아라비아 숫자로 쓰고 해당란에 표기하시오.

4. 답란에는 아라비아 숫자를 쓰고, 해당란에 표기하시오.

   ※ OMR카드를 잘못 작성하여 발생한 성적 결과는 책임지지 않습니다.

OMR 카드 답안작성 예시 1 한 자릿수	예1) 답이 1 또는 선다형 답이 ①인 경우

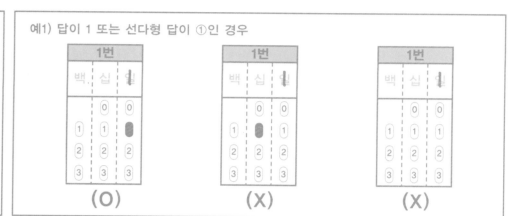

OMR 카드 답안작성 예시 2 두 자릿수	예2) 답이 12인 경우

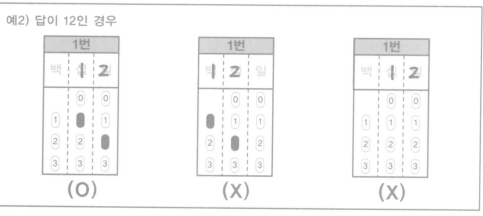

OMR 카드 답안작성 예시 3 세 자릿수	예3) 답이 230인 경우

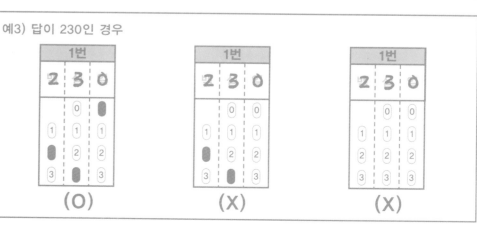

KMA 한국수학학력평가

학 교 명:

성 명:

현재 학년: 반:

번호	1번	2번	3번	4번	5번	6번	7번	8번	9번	10번
답란	백 십 일	백 십 일	백 십 일	백 십 일	백 십 일	백 십 일	백 십 일	백 십 일	백 십 일	백 십 일

번호	11번	12번	13번	14번	15번	16번	17번	18번	19번	20번
답란	백 십 일	백 십 일	백 십 일	백 십 일	백 십 일	백 십 일	백 십 일	백 십 일	백 십 일	백 십 일

번호	21번	22번	23번	24번	25번	26번	27번	28번	29번	30번
답란	백 십 일	백 십 일	백 십 일	백 십 일	백 십 일	백 십 일	백 십 일	백 십 일	백 십 일	백 십 일

1. 모든 항목은 컴퓨터용 사인펜만 사용하여 보기와 같이 표기하시오.

   보기) ① ● ③

   ※ 잘못된 표기 예시 : ⊘ ⊗ ⊙ ⊘

2. 수정시에는 수정테이프를 이용하여 깨끗하게 수정합니다.

3. 수험번호(1), 생년월일(2)란에는 감독 선생님의 지시에 따라 아라비아 숫자로 쓰고
   해당란에 표기하시오.

4. 답란에는 아라비아 숫자를 쓰고, 해당란에 표기하시오.

   ※ OMR카드를 잘못 작성하여 발생한 성적 결과는 책임지지 않습니다.

OMR 카드 답안작성 예시 1 한 자릿수	예1) 답이 1 또는 선다형 답이 ①인 경우

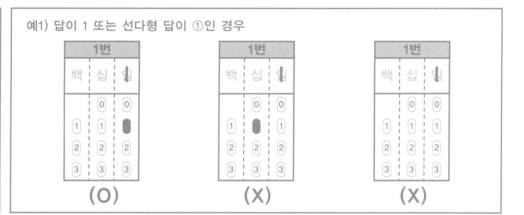

OMR 카드 답안작성 예시 2 두 자릿수	예2) 답이 12인 경우

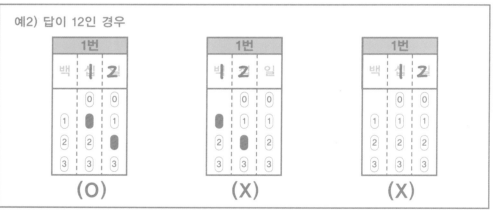

OMR 카드 답안작성 예시 3 세 자릿수	예3) 답이 230인 경우

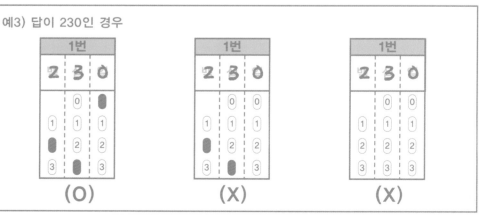

KMA
Korean Mathematics Ability Evaluation
한국수학학력평가

상반기 대비

정답과 풀이

초 **5**학년

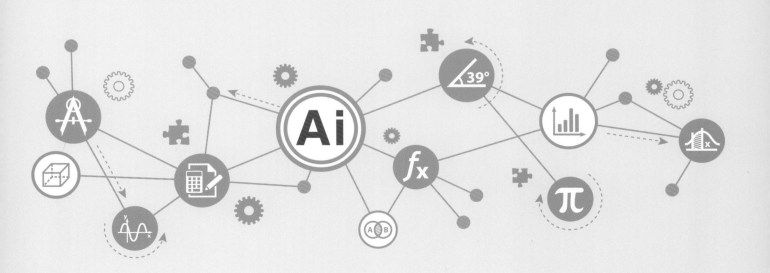

KMA

Korean Mathematics Ability Evaluation

한국수학학력평가

정답과 풀이

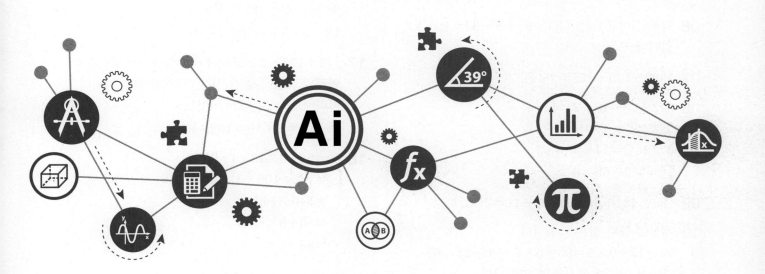

① 자연수의 혼합 계산   8~17쪽

01 900	**02** 191	**03** ④
04 40	**05** 15	**06** 95
07 26	**08** 6	**09** 2
10 65	**11** 930	**12** 54
13 59	**14** 520	**15** 279
16 41	**17** 13	**18** 88
19 12	**20** 13	**21** 576
22 82	**23** 6	**24** 800
25 30	**26** 48	**27** 359
28 104	**29** 37	**30** 4

01 문제의 상황을 식으로 나타내면
$3000-(1500+600×2)=300$이므로
㉮+㉯$=600+300=900$입니다.

02 ㉠$=67$, ㉡$=64$, ㉢$=60$이므로
세 수의 합은 191입니다.

04 $70-(★+16)÷8=63$
$(★+16)÷8=7$
$★+16=56$
$★=40$

05 $24+56÷8×3=24+7×3=24+21=45$
$(24+56)÷8×3=80÷8×3=10×3=30$
➡ $45-30=15$

06 화씨($℉$)온도는 $(35×9)÷5+32=95(℉)$
입니다.

07 $1300÷(35+15)=26(분)$

08 $372÷□-16×3=14$
$372÷□-48=14$
$372÷□=14+48=62$
$□=372÷62=6$

09 $(36+42)÷6-11=13-11=2(kg)$

10 계산이 틀린 것은 ㉢입니다.
$90-45÷9×5=90-5×5=90-25=65$
따라서 바르게 계산하면 65입니다.

11 사과 1개의 값을 □라고 하면
$□×4+860×2=6000-560$
$□×4+1720=5440$, $□×4=3720$,
$□=930(원)$입니다.

12 어떤 수를 □라고 하면
$□÷9+150-7×5=121$
$□÷9+150-35=121$
$□÷9+150=156$
$□÷9=6$
$□=54$

13 $(15+8-4)×3+2$
$=(23-4)×3+2$
$=19×3+2$
$=57+2$
$=59$

14 $(180×12×2+300×3+150×2)-5000$
$=520(원)$

15 $5◆(9◆10)=5◆\{(9×10)-(9+10)\}$
$=5◆71$
$=(5×71)-(5+71)$
$=279$

16 내 나이를 □살이라고 하면
할아버지의 연세는 67세이므로
$□×6-5=67$
$□=(67+5)÷6=12$
따라서 아버지의 연세는
$12×3+5=41(세)$입니다.

17 $\{75+(75×2-35)\}÷60=3 \cdots 10$이므로
어제와 오늘 운동한 시간은 3시간 10분입니다.
따라서 ㉠$=3$, ㉡$=10$이므로
㉠+㉡$=3+10=13$입니다.

18 ㉠$=55+4×13-1=106$
㉡$=(22+106×3)÷4+27÷9$
$=340÷4+3$
$=85+3$
$=88$

19 계산 결과가 가장 클 때 : $64 \div (2 \times 4) + 8 = 16$
계산 결과가 가장 작을 때 : $64 \div (8 \times 4) + 2 = 4$
➡ $16 - 4 = 12$

20 $48 \div 3 \times 5 = 80$
$24 \div 4 \times \square = 6 \times \square$이므로
$80 > 6 \times \square$에서 $\square$ 안에 들어갈 수 있는 자연수는 1부터 13까지이므로 13개입니다.

21 $\square ☆ 12 = 12$
$56 - \square \div 12 + 12 \div 3 = 12$
$56 + 4 - 12 = \square \div 12$
$\square = 48 \times 12 = 576$

22

상자 ┈┈ 굴 7개 ┈┈ 굴 3개
├─ 754 g ─┤
├──── 1042 g ────┤

상자만의 무게를 하나의 식으로 나타내면
$754 - (1042 - 754) \div 3 \times 7 = 82\,(g)$

23 ㉾ $3 + 5 - 1 \times 4 \div 2 = 6$, $3 + 5 - 4 \times 1 \div 2 = 6$
$5 + 3 - 1 \times 4 \div 2 = 6$, $5 + 3 - 4 \times 1 \div 2 = 6$

24 $(20 - 6) \div 2 \times 5500 - (20 + 6) \div 2 \times 2900$
$= 800\,(원)$

25 판 달걀의 개수 :
$(450 \times 100 + 18000) \div 150 = 420\,(개)$
깨뜨린 달걀의 개수 : $450 - 420 = 30\,(개)$

26 62를 어떤 수로 나누었을 때의 몫을 1이라고 하면 150을 어떤 수로 나눈 몫은 3입니다.
각각의 나머지의 합은 20이므로
$(62 + 150) \div \square = 4 \cdots 20$에서
$\square = (62 + 150 - 20) \div 4 = 48$입니다.
따라서 어떤 수가 될 수 있는 수 중 가장 큰 수는 48입니다.

27 계산한 값이 가장 크려면 곱하는 수는 가장 커야 하고, 나누는 수는 가장 작아야 합니다.
$\square\square \times \square$가 가장 크게 되려면
$76 \times 9 = 684$이므로 가장 큰 값은
$(34 + 76 \times 9) \div 2 = (34 + 684) \div 2$
$= 718 \div 2 = 359$

28 가장 큰 계산 결과 : $(7 + 5) \times 9 - 3 = 105$
가장 작은 계산 결과 : $3 - (5 + 9) \div 7 = 1$
➡ $105 - 1 = 104$

29 1층부터 34층까지 오른 층수는 33개층입니다.
(오르는 데 걸린 시간)
$= 8 + 9 + 10 + \cdots + 40$
$= (8 + 40) \times 33 \div 2 = 792\,(초)$
쉰 횟수는 $33 \div 5 = 6 \cdots 3$이므로 6번을 쉬었고 쉬는데 걸린 시간은 $6 \times 60 \times 2 = 720\,(초)$입니다.
따라서 걸린 시간은 모두 $792 + 720 = 1512\,(초)$이고 $1512 \div 60 = 25 \cdots 12$에서 25분 12초이므로 $㉠ + ㉡ = 25 + 12 = 37$입니다.

30 ㉡이 300보다 클 때
$(24 + 16 \times ㉠) \times 4 - 56 > 300$
$16 \times ㉠ > (300 + 56) \div 4 - 24$
➡ $16 \times ㉠ > 65$이므로 ㉠이 될 수 있는 수는 5, 6, 7, ……입니다.
㉡이 600보다 작을 때
$(24 + 16 \times ㉠) \times 4 - 56 < 600$
$16 \times ㉠ < (600 + 56) \div 4 - 24$
➡ $16 \times ㉠ < 140$이므로 ㉠이 될 수 있는 수는 8, 7, 6, ……입니다.
따라서 ㉠의 값이 될 수 있는 자연수는 5, 6, 7, 8로 모두 4개입니다.

❷ 약수와 배수 18~27쪽

01 ⑤	**02** 8	**03** 203
04 896	**05** 3	**06** 60
07 ④	**08** ①	**09** 420
10 ③	**11** 12	**12** 120
13 8	**14** 24	**15** 20
16 3	**17** 40	**18** 636
19 145	**20** 7	**21** 180
22 12	**23** 864	**24** 600
25 60	**26** 35	**27** 503
28 7	**29** 7	**30** 6

01 ① 1, 2, 4, 8
② 1, 2, 3, 6, 9, 18
③ 1, 2, 3, 6, 7, 14, 21, 42
④ 1, 2, 3, 6, 9, 18, 27, 54
⑤ 1, 2, 3, 4, 5, 6, 10, 12, 15, 20, 30, 60

02 40의 약수를 구합니다.
1, 2, 4, 5, 8, 10, 20, 40 ➡ 8개

03 $7 \times 28 = 196$, $7 \times 29 = 203$
$200 - 196 = 4$, $203 - 200 = 3$이므로 200에 가장 가까운 7의 배수는 203입니다.

04 $999 \div 4 = 249 \cdots 3$이므로 세 자리 수 중에서 가장 큰 4의 배수는 $999 - 3 = 996$입니다.
$100 \div 4 = 25$이므로 세 자리 수 중 가장 작은 4의 배수는 100입니다.
➡ $996 - 100 = 896$

05 72의 약수는 1, 2, 3, 4, 6, 8, 9, 12, 18, 24, 36, 72이고 이 중 홀수는 1, 3, 9로 모두 3개입니다.

06 오른쪽 수가 왼쪽 수의 배수가 되려면 왼쪽 수는 오른쪽 수의 약수가 되어야 합니다.
따라서 □ 안에 들어갈 수 있는 수는 1, 2, 3, 4, 6, 8, 12, 24입니다.
➡ $1 + 2 + 3 + 4 + 6 + 8 + 12 + 24 = 60$

07 ④ $126 \div 7 = 18$

08 공통으로 곱해지는 수가 최대공약수이므로 12와 20의 최대공약수는 $2 \times 2 = 4$입니다.

09 2)84 70
7)42 35 ➡ 최소공배수 : $2 \times 7 \times 6 \times 5 = 420$
   6   5

10 ① 공배수는 최소공배수의 배수입니다.
② 최대공약수는 공약수 중에서 가장 큰 수입니다.
④ 두 수의 공배수는 수 없이 많습니다.
⑤ 1은 모든 수의 공약수입니다.

11 '될 수 있는 대로 많은'
➡ 최대공약수를 이용합니다.
연필 3타는 $12 \times 3 = 36$(자루)이므로 36과 48의 최대공약수를 구합니다.

36과 48의 최대공약수는 12이므로 12명까지 나누어 줄 수 있습니다.

12 8과 10의 공배수는 8과 10의 최소공배수의 배수입니다.
8과 10의 최소공배수는 40이므로 8과 10의 공배수 중 90보다 작은 수를 구하면 40, 80입니다.
➡ $40 + 80 = 120$

13 15와 18의 최소공배수는 90이므로 두 버스는 90분마다 동시에 출발합니다.
오전 6시 30분 + 90분 = 오전 8시

14 48의 약수는 1, 2, 3, 4, 6, 8, 12, 16, 24, 48이고 36의 약수는 1, 2, 3, 4, 6, 9, 12, 18, 36이므로 48의 약수 중 36의 약수가 아닌 수는 8, 16, 24, 48입니다.
이 중 십의 자리 숫자가 2인 수는 24이므로 조건을 모두 만족하는 수는 24입니다.

15 18의 배수는 18의 약수인 1, 2, 3, 6, 9, 18의 배수이므로 □ 안에 들어갈 수 있는 수들의 합은 $2 + 3 + 6 + 9 = 20$입니다.

16 만들 수 있는 300보다 크고 400보다 작은 수를 3㉠㉡이라고 할 때, 3㉠㉡은 짝수이므로 ㉡에 올 수 있는 숫자는 0, 2, 4입니다.
이 중 각 자리 숫자의 합이 3의 배수이어야 하므로 조건을 만족하는 수는 312, 324, 342로 모두 3개입니다.

17 최대공약수가 4이므로 어떤 수는 $4 \times$□라 할 수 있습니다.
4)4×□ 12
   □   3 ➡ $4 \times$□$ \times 3 = 120$, □$ = 10$
따라서 (어떤 수)$ = 4 \times 10 = 40$입니다.

18 18, 30, 42의 최대공약수는 6이고, 최소공배수는 630입니다.
따라서 ㉠ + ㉡ = 6 + 630 = 636입니다.

19 12, 16, 24의 공배수보다 1 큰 수 중 가장 작은 세 자리 수를 구합니다.
12, 16, 24의 최소공배수는 48이므로 구하는 수는 $48 \times 3 + 1 = 145$입니다.

20 $2 \times 3 \times 7 = 42$이므로
$(\triangle, \square) = (10, 10), (10, 1), (1, 10),$
$(2, 5), (5, 2)$입니다.
따라서 $\triangle + \square$의 가장 작은 값은 $2 + 5 = 7$입니다.

21 $\square$ 안에 공통으로 들어갈 수 있는 수 중 가장 작은 수는 12와 15의 최소공배수인 60입니다.
따라서 세 번째로 작은 수는 $60 \times 3 = 180$입니다.

22 $\{72\} = 1, 2, 3, 4, 6, 8, 9, 12, 18, 24, 36, 72$
　　➡ 12
$\{36\} = 1, 2, 3, 4, 6, 9, 12, 18, 36$ ➡ 9
$[42] = 1 + 2 + 3 + 6 + 7 + 14 + 21 + 42 = 96$
$[17] = 1 + 17 = 18$
$[12 - 9] + \{96 - 18\} = [3] + \{78\}$
$[3] = 1 + 3 = 4$이고
$\{78\} = 1, 2, 3, 6, 13, 26, 39, 78$ ➡ 8입니다.
따라서 $4 + 8 = 12$입니다.

23 3의 배수가 되려면 각 자리의 숫자의 합이 3의 배수가 되어야 합니다.
따라서 세 장의 숫자 카드의 합이 3의 배수가 되는 것을 찾으면 $(4, 6, 5), (4, 6, 8), (6, 1, 5),$
$(6, 1, 8)$입니다. 이 중에서 만들 수 있는 가장 큰 세 자리 수는 864입니다.

24 6과 8의 최소공배수인 24 m마다 나무 수가 한 그루씩 차이납니다.
따라서 필요한 나무 수의 차가 25그루일 때 호수의 둘레는 $24 \times 25 = 600$(m)입니다.

25 전등이 다시 켜질 때까지 걸리는 시간은 전등 A가 12초, 전등 B가 15초입니다.
따라서 12, 15의 최소공배수가 60이므로 다음 번에 두 전등이 동시에 켜지는 것은 60초 후입니다.

26 부족하거나 남지 않게 나누어 주려면 사과는 70개, 배는 35개, 밤은 105개가 있어야 합니다.
따라서 70, 35, 105의 최대공약수는 35이므로 모두 35명의 학생에게 나누어 주려고 했습니다.

27 주어진 수들을 모두 1과 자신만을 약수로 하는 수들의 곱으로 나타내면
$1 \times 2 \times 3 \times (2 \times 2) \times 5 \times (2 \times 3) \times \cdots$

$\times (3 \times 673) \times (2 \times 2 \times 5 \times 101)$입니다.
일의 자리부터 0이 몇 개인지를 알아보려면 2×5의 곱이 몇 번 있는지 알아보아야 합니다.
이 중에서 곱해진 5의 개수를 알아보면
$2020 \div 5 = 404$(개), $2020 \div 25 = 80 \cdots 20$(80개),
$2020 \div 125 = 16 \cdots 20$(16개),
$2020 \div 625 = 3 \cdots 145$(3개)로 모두
$404 + 80 + 16 + 3 = 503$(개)입니다.
또한 2의 개수는 5의 개수보다 더 많으므로
2×5는 503개까지 만들 수 있습니다.
따라서 일의 자리부터 0은 503개까지 계속됩니다.

28 ⑴ 6의 배수는 5개뿐이므로 7회 중 2회는 지울 수 없습니다.
⑵ 5의 배수는 6개이며 $5 \times 6 = 30$은 이미 지워졌으므로 2회는 지울 수 없습니다.
⑶ 4의 배수는 7개이며 $4 \times 3 = 12$, $4 \times 5 = 20$, $4 \times 6 = 24$는 이미 지워졌으므로 3회는 지울 수 없습니다.
⑷ 3의 배수는 10개이며 6의 배수 5개와 5의 배수 중 $3 \times 5 = 15$는 이미 지워졌으므로 3회 모두 지울 수 있습니다.
⑸ 2의 배수와 1의 배수는 모두 지울 수 있습니다.
그러므로 지울 수 없는 수는 적어도
$2 + 2 + 3 = 7$(개)가 있습니다.

29 $12 = 4 \times 3$이므로 12의 배수는 4의 배수이면서 3의 배수입니다.
4의 배수가 되려면 끝 두 자리 수가 4의 배수이므로 ㉠은 0이거나 짝수입니다.
3의 배수가 되려면 각 자리의 숫자의 합이 3의 배수입니다.
㉠$\times 3 +$㉡$\times 2 + 5$에서 ㉠$\times 3$은 3의 배수이므로 ㉡$\times 2 + 5$가 3의 배수가 되려면
㉡은 2, 5, 8 중에 하나입니다.
㉡이 2일 때 ㉠은 0, 4, 8, ㉡이 5일 때 ㉠은 2, 6, ㉡이 8일 때 ㉠은 0, 4이므로
모두 $3 + 2 + 2 = 7$(개)입니다.

30 세 수를 어떤 수로 나누었을 때 나머지가 모두 같으므로 세 수 중 두 수의 차는 각각 어떤 수로 나누어떨어집니다. 즉 $498 - 378 = 120$,

578−498=80, 578−378=200

따라서 어떤 수 중 가장 큰 수는 120, 80, 200의 최대공약수인 40이므로 40의 약수인 1, 2, 4, 5, 8, 10, 20, 40으로 나누어도 나머지는 모두 같습니다. 이 중 1과 2로 나누면 나머지는 모두 0이므로 어떤 수는 4, 5, 8, 10, 20, 40으로 모두 6개입니다.

③ 규칙과 대응   28~37쪽

01	42	02	6	03	122
04	75	05	192	06	76
07	235	08	121	09	70
10	152	11	27	12	19
13	13	14	227	15	49
16	630	17	7	18	156
19	76	20	8	21	93
22	253	23	177	24	95
25	81	26	57	27	157
28	78	29	79	30	11

01 ○=△+7이므로
㉠=15+7=22, ㉡=27−7=20이고
㉠+㉡=22+20=42입니다.

02 □와 ○ 사이의 관계를 식으로 나타내면
○=□×3+3이므로 ㉠+㉡=3+3=6입니다.

03 뒤의 수가 앞의 수보다 6씩 커지고 있으므로
2+(6×20)=122입니다.

04 보기 를 살펴보면
(왼쪽 수)+(오른쪽 수)=(위의 수)의 규칙입니다.

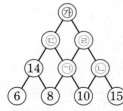

㉠=8+10=18,
㉡=10+15=25,
㉢=14+18=32,
㉣=18+25=43

따라서 ㉎=32+43=75입니다.

05 한 자리 수는 1부터 9까지 9개, 두 자리 수는 10부터 99까지 90개, 세 자리 수는 100으로 1개 있으므로 사용된 숫자는
1×9+2×90+3×1=192(개)입니다.

06 1에서 100까지의 수 중에서 숫자 5가 들어가는 수는 5, 15, 25, 35, 45, 50, 51, 52, 53, 54, 55, 56, 57, 58, 59, 65, 75, 85, 95로 19개입니다.
따라서 19×4=76(개)입니다.

07 정오각형은 변이 5개 있으므로
48×5−5=235(송이) 필요합니다.

08  그림과 같이 한 번 자르면 두 도막이 생깁니다. 그러므로 12도막으로 자르려면 11번 잘라야 합니다.
따라서 11×11=121(분)입니다.

09

정사각형의 수(개)	1	2	3	…
성냥개비의 수(개)	4	7	10	…

따라서 (성냥개비의 수)=(사각형의 수)×3+1이므로 정사각형 23개를 만드는 데 필요한 성냥개비는 23×3+1=70(개)입니다.

10

도화지의 수(장)	1	2	3	4	…
누름 못의 수(개)	8	12	16	20	…

따라서 (누름 못의 수)=(도화지의 수)×4+4이므로 도화지 37장을 붙이는데 필요한 누름 못은 37×4+4=152(개)입니다.

11 받침이 없는 글자 :
구, 가, 그, 우, 아, 으, 루, 라, 르
➡ 9(=3×3)개
받침이 있는 글자 :
궁, 굴, 강, 갈, 긍, 글, 욱, 울, 악, 알, 윽, 을, 룩, 룽, 락, 랑, 륵, 릉
➡ 18(=3×3×2)개
따라서 모두 27개입니다.

12 분자는 2씩 커지고 분모는 2씩 작아지는 규칙입니다.
분자와 분모의 합이 항상 71로 일정하므로 처

음으로 나오는 가분수는 $\frac{37}{34}$입니다.

따라서 $(37+1) \div 2 = 19$(번 째) 분수입니다.

13 석기가 8분 동안 간 거리는 $8 \times 65 = 520(m)$입니다.

동생은 집을 나선 후 1분에 $105 - 65 = 40(m)$씩 석기를 따라갈 수 있으므로 520 m를 따라가는데는 $520 \div 40 = 13$(분)이 걸립니다.

14 $5 \rightarrow 23$, $10 \rightarrow 43$, $13 \rightarrow 55$에서 규칙을 알아보면 (유승)=(한솔)$\times 4 + 3$입니다.

따라서 한솔이가 56이라고 말하면 유승이는 $56 \times 4 + 3 = 227$을 답해야 합니다.

15 정오각형의 수를 ■, 면봉의 수를 ▲라고 할 때 ■와 ▲ 사이의 대응 관계를 식으로 나타내면 ▲＝■$\times 4 + 1$입니다.

따라서 정오각형의 수가 12개일 때 면봉의 수는 $12 \times 4 + 1 = 49$(개)입니다.

16 $1 = 1$

$3 = 1 + 2$

$6 = 1 + 2 + 3$

$10 = 1 + 2 + 3 + 4$

$15 = 1 + 2 + 3 + 4 + 5$

⋮

따라서 35번째에 놓이는 수는

$1 + 2 + 3 + \cdots + 35 = (1 + 35) \times 35 \div 2 = 630$입니다.

17 흰색 바둑돌은 $(1+3+5+7+9+11+13)$개이고, 검은색 바둑돌은 $(2+4+6+8+10+12+14)$개입니다.

흰색 바둑돌 : 49개, 검은색 바둑돌 : 56개

따라서 검은색 바둑돌이 $56 - 49 = 7$(개) 더 많습니다.

18 첫 번째 도형 : $1 \times 4 = 4(cm)$

두 번째 도형 : $3 \times 4 = 12(cm)$

세 번째 도형 : $5 \times 4 = 20(cm)$

⋮　　　⋮

20번째 도형 : $39 \times 4 = 156(cm)$

19 ⊙의 규칙은 $1 \odot 4 = 1 \times 1 + 4 = 5$,

$2 \odot 5 = 2 \times 2 + 5 = 9$, $3 \odot 4 = 3 \times 3 + 4 = 13$,

$4 \odot 5 = 4 \times 4 + 5 = 21$이므로

$8 \odot 12 = 8 \times 8 + 12 = 76$입니다.

20

1	4	9	16	⋯
↓	↓	↓	↓	
(1×1)	(2×2)	(3×3)	(4×4)	

따라서 $1 + 4 + 9 + 16 + 25 + 36 + 49 + 64 = 204$이므로 바둑돌은 8번째까지 놓을 수 있습니다.

21 12도막으로 자르려면 톱은 11번 사용하게 되는데 ㉮ 톱은 6번, ㉯ 톱은 5번 사용하게 됩니다.

따라서 $8 \times 6 + 9 \times 5 = 93$(분) 걸립니다.

22 학생 수가 23명이므로 모든 사람과 악수를 하려면 한 사람당 22번의 악수를 해야 합니다.

따라서 23명이 악수를 한 횟수는 모두 $22 \times 23 \div 2 = 253$(번)입니다.

23 1단계는 9개이고, 2단계부터 8개씩 늘어나므로 필요한 성냥개비는 $9 + 8 \times 21 = 177$(개)입니다.

24 두 번째에 놓이는 모양에서 흰색 바둑돌이 검은색 바둑돌보다 2개 많고, 네 번째에 놓이는 모양에서 흰색 바둑돌이 검은색 바둑돌보다 4개 많습니다.

따라서 94번째에 놓이는 모양에서는 흰색 바둑돌이 검은색 바둑돌보다 94개 많습니다.

그런데 95번째에는 검은색 바둑돌이 $95 \times 2 - 1 = 189$(개)가 더 놓이므로

검은색 바둑돌이 $189 - 94 = 95$(개) 더 많습니다.

25 도막의 수가 4, 7, 10, 13, ……으로 철사를 한 번씩 더 자를 때마다 3개씩 늘어납니다.

□번 잘랐을 때 244도막으로 나누어졌다고 하면 $(□ - 1) \times 3 + 4 = 244$, □ = 81입니다.

따라서 81번을 잘랐습니다.

26 만일 4명일 경우 1번과 마주 앉은 사람은 3번이고 2번과 마주 앉은 사람은 4번이므로 서로 마주 앉은 사람의 번호의 차는 전체 인원 수의 $\frac{1}{2}$입니다.

따라서 186명의 반은 93명이므로 서로 마주 앉은 사람과의 번호의 차가 93입니다.

그러므로 150번과 마주 앉은 사람은
150−93=57(번)입니다.

27 • 일의 자리에 사용되는 숫자 5의 개수 :
1, 2, 3, 4, 5, 6, 7, 8, 9, 0이 반복되므로
550÷10=55(개)
• 십의 자리에 사용되는 숫자 5의 개수 :
50, 51, 52, 53, 54, 55, 56, 57, 58, 59와
같이 100개마다 10개씩 사용되고, 550에서
한 번이 더 사용되었으므로
(500÷100)×10+1=51(개)
• 백의 자리에 사용되는 숫자 5의 개수 :
500, 501, …, 550까지 51개
➡ 55+51+51=157(개)

28 규칙을 살펴보면
직선 2개가 만나는 점의 최대 개수는 1개 ⎫+2
직선 3개가 만나는 점의 최대 개수는 3개 ⎬+3
직선 4개가 만나는 점의 최대 개수는 6개 ⎬+4
직선 5개가 만나는 점의 최대 개수는 10개 ⎭
따라서 직선 13개가 만나는 점의 최대 개수는
1+2+3+4+ … +12=78(개)입니다.

29 90=8×11+2이므로 돈을 내고 사야 할 주스
를 ○, 돈을 내지 않고 빈 병 8개와 바꾸어 마
실 주스를 ×라 하고 그림으로 나타내어 보면
1회 ○○○○○○○○ ➡ 8병
2회 × ○○○○○○○ ⎫
3회 × ○○○○○○○ ⎬ ➡ (7×10)병
⋮   ⋮   ⎬
11회 × ○○○○○○○ ⎭
12회 × ○ ➡ 1병
돈을 낸 것은 8+7×10+1=79(병)입니다.

30 바둑돌이 각 변에 2개 있을 때, 전체는 16개입
니다.
이때, 변은 모두 19개이므로 각 변에 바둑돌을
하나씩 더 늘릴 때마다 전체의 바둑돌은 19개
씩 늘어납니다.
따라서 한 변에 늘린 바둑돌의 개수는
(187−16)÷19=9(개)입니다.
그러므로 한 변에 놓인 바둑돌의 개수는 처음
의 2개와 합하여 11개입니다.

④ 약분과 통분 　　38~47쪽

01 4	**02** 59	**03** 52
04 ⑤	**05** 13	**06** 288
07 237	**08** 35	**09** 4
10 4	**11** 67	**12** 14
13 10	**14** 198	**15** 123
16 49	**17** 7	**18** 5
19 ②	**20** 40	**21** 60
22 420	**23** 563	**24** 21
25 163	**26** 2	**27** 3
28 72	**29** 32	**30** 75

01 $\frac{2}{6}=\frac{4}{12}$이므로 12조각으로 나눈 것 중 4조각
을 먹어야 예슬이가 먹은 것과 양이 같아집니다.

02 48과 72의 최대공약수는 24입니다.
따라서 분모와 분자를 공통으로 나눌 수 있는
수는 24의 약수이고, 이 중 1이 아닌 수는 2, 3,
4, 6, 8, 12, 24입니다.
➡ 2+3+4+6+8+12+24=59

03 $\frac{5\times4}{8\times4}=\frac{20}{32}$ ➡ 32+20=52

04 ① $\frac{14}{105}=\frac{14\div7}{105\div7}=\frac{2}{15}$
② $\frac{13}{143}=\frac{13\div13}{143\div13}=\frac{1}{11}$
③ $\frac{2}{142}=\frac{2\div2}{142\div2}=\frac{1}{71}$
④ $\frac{21}{28}=\frac{21\div7}{28\div7}=\frac{3}{4}$

05 $\frac{135}{450}=\frac{135\div45}{450\div45}=\frac{3}{10}$ ➡ 10+3=13

06 16과 12의 최소공배수는 48이므로 공통분모가
될 수 있는 수는 48, 96, 144, … 입니다.
➡ 48+96+144=288

07 18과 12의 공배수인 36, 72, 108, …을 공통분
모로 하여 통분할 수 있습니다.
이 중 100에 가장 가까운 수는 108입니다.
$\left(\frac{11}{18},\frac{7}{12}\right)$ ➡ $\left(\frac{66}{108},\frac{63}{108}\right)$

➡ $108+66+63=237$

08 $\dfrac{78\div6}{90\div6}=\dfrac{13}{15}$, $\dfrac{15\div15}{90\div15}=\dfrac{1}{6}$

➡ $15+13+6+1=35$

09 분모 8과 20의 최소공배수는 40이므로 40의 배수는 8과 20의 공배수입니다.
따라서 200보다 작은 공통분모는 40, 80, 120, 160으로 4개입니다.

10 $\dfrac{1}{2}<\dfrac{2}{3}$, $\dfrac{3}{4}>\dfrac{2}{3}$, $\dfrac{2}{5}<\dfrac{2}{3}$, $\dfrac{4}{7}<\dfrac{2}{3}$, $\dfrac{7}{8}>\dfrac{2}{3}$, $\dfrac{7}{9}>\dfrac{2}{3}$, $\dfrac{6}{11}<\dfrac{2}{3}$

따라서 $\dfrac{2}{3}$보다 작은 분수는 $\dfrac{1}{2}$, $\dfrac{2}{5}$, $\dfrac{4}{7}$, $\dfrac{6}{11}$이 므로 모두 4개입니다.

11 $\dfrac{8}{9}<\dfrac{60}{\square}<\dfrac{10}{11}$ ➡ $\dfrac{120}{135}<\dfrac{120}{\square\times2}<\dfrac{120}{132}$
이므로 $132<\square\times2<135$, $\square=67$입니다.

12 분자에 더한 어떤 수를 $\square$라 하면
$\dfrac{2+\square}{3+21}=\dfrac{2}{3}$입니다.
즉, $\dfrac{2+\square}{24}=\dfrac{2}{3}=\dfrac{16}{24}$에서 $2+\square=16$이므로
$\square=16-2=14$입니다.

13 분모가 121인 진분수는 다음과 같습니다.
$\dfrac{1}{121}$, $\dfrac{2}{121}$, $\dfrac{3}{121}$, $\dfrac{4}{121}$, $\cdots$, $\dfrac{120}{121}$
121의 약수는 1, 11, 121이므로 약분할 수 있는 분수는 분자가 11의 배수인 수입니다.
$120\div11=10\cdots10$이므로 약분할 수 있는 분수는 10개입니다.

14 $\dfrac{5}{17}$에서 $17-5=12$, $108\div12=9$이므로 $\dfrac{5}{17}$의 분모와 분자를 각각 9배 하면 분모, 분자의 차가 108이 됩니다.
따라서 구하는 분수는 $\dfrac{5\times9}{17\times9}=\dfrac{45}{153}$입니다.
➡ $153+45=198$

15 어떤 수를 $\square$라 하면
$\dfrac{369}{615-\square}=\dfrac{3\times\bigcirc}{4\times\bigcirc}$이므로
$369=3\times\bigcirc$에서 $\bigcirc=123$입니다.

$615-\square=4\times123=492$,
$\square=615-492=123$입니다.

16 $\dfrac{3}{4}$의 분모와 분자의 차는 1이므로 분모, 분자에 각각 7배를 하면, 분모와 분자의 차가 7이 됩니다.
$\dfrac{\triangle}{\square}=\dfrac{3\times7}{4\times7}=\dfrac{21}{28}$
➡ $28+21=49$

17 두 분수를 24와 16의 최소공배수인 48을 공통분모로 하여 통분합니다.
$\dfrac{11\times2}{24\times2}>\dfrac{\square\times3}{16\times3}$이므로 $\dfrac{22}{48}>\dfrac{\square\times3}{48}$에서
$22>\square\times3$입니다.
따라서 $\square=1, 2, 3, 4, 5, 6, 7$이므로 모두 7개입니다.

18 (분모)+(분자)$=124$, (분모)-(분자)$=20$이므로
(분모)$=(124+20)\div2=72$,
(분자)$=(124-20)\div2=52$입니다.
이것을 기약분수로 나타내면 $\dfrac{13}{18}$입니다.
따라서 기약분수로 나타내었을 때 분모와 분자의 차는 $18-13=5$입니다.

19 기약분수가 되려면 분자에 올 수 있는 수는 분모와 공약수가 1뿐이어야 합니다.
따라서 각 분수의 분자에 올 수 있는 수의 개수는 다음과 같습니다.
① 1, 2, 3, 4, 5, 6, 7, 8, 9, 10 ➡ 10개
② 1, 5, 7, 11 ➡ 4개
③ 1, 2, 3, 4, 5, 6, 7, 8, 9, 10, 11, 12 ➡ 12개
④ 1, 3, 5, 9, 11, 13 ➡ 6개
⑤ 1, 2, 4, 7, 8, 11, 13, 14 ➡ 8개

20 $\dfrac{2}{3}$, $\dfrac{1}{2}$과 각각 크기가 같은 분수를 만들어 분모가 같을 때 분자의 차가 4인 분수를 찾습니다.
$\dfrac{2}{3}=\dfrac{4}{6}=\dfrac{8}{12}=\dfrac{12}{18}=\dfrac{16}{24}$,
$\dfrac{1}{2}=\dfrac{3}{6}=\dfrac{6}{12}=\dfrac{9}{18}=\dfrac{12}{24}$
따라서 어떤 분수는 $\dfrac{16}{24}$입니다.
➡ $24+16=40$

별해 어떤 분수를 $\dfrac{2\times\square}{3\times\square}$ 라 하면

$$\dfrac{2\times\square-4}{3\times\square}=\dfrac{1}{2}$$

$(2\times\square-4)\times2=3\times\square$,

$4\times\square-8=3\times\square$, $\square=8$

따라서 어떤 분수의 분모와 분자의 합은

$5\times8=40$입니다.

21 $\dfrac{\text{⊕}}{\text{⑦}+4}=\dfrac{9}{7}$이므로 $7\times\text{⊕}=9\times(\text{⑦}+4)$이고

$7\times\text{⊕}=9\times\text{⑦}+36$입니다.

$3\times\text{⑦}=2\times\text{⊕}$이므로 $9\times\text{⑦}=6\times\text{⊕}$이고,

$7\times\text{⊕}=6\times\text{⊕}+36$, $\text{⊕}=36$입니다.

$2\times36=3\times\text{⑦}$이므로 $\text{⑦}=24$입니다.

➡ $24+36=60$

22 $\dfrac{1}{700}=\dfrac{1}{2\times2\times5\times5\times7}$

$\qquad\quad=\dfrac{2\times5\times7\times7}{(2\times5\times7)\times(2\times5\times7)\times(2\times5\times7)}$

따라서 조건을 만족하는 가장 작은 수는 각각

■$=2\times5\times7=70$, ▲$=2\times5\times7\times7=490$이

므로 ▲$-$■$=490-70=420$입니다.

23 8과 9의 최소공배수는 72이므로

$\dfrac{1}{9}=\dfrac{8}{72}$, $\dfrac{1}{8}=\dfrac{9}{72}$입니다.

분자끼리의 차가 $9-8=1$이므로 분자끼리의

차가 7이 되기 위해서

$\dfrac{8\times7}{72\times7}=\dfrac{56}{504}$, $\dfrac{9\times7}{72\times7}=\dfrac{63}{504}$으로 나타내면

수직선의 한 칸은 $\dfrac{1}{504}$입니다.

따라서 $\text{㉠}=\dfrac{56+3}{504}=\dfrac{59}{504}$이므로

분모와 분자의 합은 $504+59=563$입니다.

24 $\left(\dfrac{1}{4},\ \dfrac{1}{3}\right)\to\left(\dfrac{3}{12},\ \dfrac{4}{12}\right)\to\left(\dfrac{6}{24},\ \dfrac{8}{24}\right)$

$\to\left(\dfrac{9}{36},\ \dfrac{12}{36}\right)\to\left(\dfrac{12}{48},\ \dfrac{16}{48}\right)\cdots\cdots$

$\dfrac{12}{48}$와 $\dfrac{16}{48}$의 사이에 넣은 3개의 분수는

$\dfrac{13}{48}$, $\dfrac{14}{48}\left(=\dfrac{7}{24}\right)$, $\dfrac{15}{48}\left(=\dfrac{5}{16}\right)$이므로

가장 큰 기약분수는 $\dfrac{5}{16}$이고

$\text{㉠}+\text{㉡}=16+5=21$입니다.

25 9와 7의 최소공배수는 63이므로

$\dfrac{\triangle}{\square}=\dfrac{4\times7}{9\times7}=\dfrac{28}{63}$이고 $\dfrac{\square}{\bigcirc}=\dfrac{7\times9}{15\times9}=\dfrac{63}{135}$

입니다.

따라서 $\dfrac{\triangle}{\bigcirc}=\dfrac{28}{135}$이므로 분모와 분자의 합은

$135+28=163$입니다.

26 분자의 최소공배수를 구하여 생각해 봅니다.

$\dfrac{3}{8}<\dfrac{3}{\text{㉠}}<\dfrac{9}{10}$ ➡ $\dfrac{9}{24}<\dfrac{3\times3}{\text{㉠}\times3}<\dfrac{9}{10}$에서

$10<\text{㉠}\times3<24$이므로

㉠은 4, 5, 6, 7이고 가장 큰 수는 7입니다.

$\dfrac{9}{10}<\dfrac{6}{\text{㉡}}<\dfrac{9}{7}$ ➡ $\dfrac{18}{20}<\dfrac{6\times3}{\text{㉡}\times3}<\dfrac{18}{14}$에서

$14<\text{㉡}\times3<20$이므로

㉡은 5, 6이고 가장 작은 수는 5입니다.

➡ $7-5=2$

27 처음 분수의 분자에서 12를 빼고 분모에 5를

더한 분수의 분모와 분자의 합은

$97-12+5=90$입니다.

약분하기 전의 분자는 $90\div(11+7)\times7=35$

이고 분모는 $90\div(11+7)\times11=55$입니다.

따라서 처음 분수의 분자는 $35+12=47$,

분모는 $55-5=50$이므로 분모와 분자의 차는

$50-47=3$입니다.

28 어떤 분수를 $\dfrac{\text{㉡}}{\text{㉠}}$이라고 하면

$\dfrac{\text{㉡}}{\text{㉠}-12}=\dfrac{1}{3}$에서 $\text{㉡}\times3=\text{㉠}-12$이고

$\dfrac{\text{㉡}}{\text{㉠}+3}=\dfrac{1}{4}$에서 $\text{㉡}\times4=\text{㉠}+3$입니다.

㉠$+3$과 ㉠-12의 차는 15이고 이것은

$\text{㉡}\times4-\text{㉡}\times3=\text{㉡}$과 같으므로 $\text{㉡}=15$입니다.

따라서 $\dfrac{15}{\text{㉠}+3}=\dfrac{1}{4}$에서 $15\times4=\text{㉠}+3$,

$\text{㉠}=60-3=57$이므로

$\text{㉠}+\text{㉡}=57+15=72$입니다.

29 분모와 분자의 차는 항상 25로 일정하고 $\dfrac{7}{12}$의

분모와 분자의 차는 $12-7=5$입니다.

$25 \div 5 = 5$에서 구하는 분수는 $\dfrac{7 \times 5}{12 \times 5} = \dfrac{35}{60}$이 므로 $35 - 4 + 1 = 32$에서 32번째 분수입니다.

30 $180 = 2 \times 2 \times 3 \times 3 \times 5$이므로 분자가 2의 배수, 3의 배수, 5의 배수이면 기약분수가 아닙니다.

(2의 배수)$= (180 \div 2 - 1) - (16 \div 2)$
$\qquad\qquad = 89 - 8 = 81$(개)

(3의 배수)$= (180 \div 3 - 1) - (15 \div 3)$
$\qquad\qquad = 59 - 5 = 54$(개)

(5의 배수)$= (180 \div 5 - 1) - (15 \div 5)$
$\qquad\qquad = 35 - 3 = 32$(개)

(2와 3의 공배수)$= (180 \div 6 - 1) - (12 \div 6)$
$\qquad\qquad\qquad = 29 - 2 = 27$(개)

(2와 5의 공배수)$= (180 \div 10 - 1) - (10 \div 10)$
$\qquad\qquad\qquad = 17 - 1 = 16$(개)

(3과 5의 공배수)$= (180 \div 15 - 1) - (15 \div 15)$
$\qquad\qquad\qquad = 11 - 1 = 10$(개)

(2와 3과 5의 공배수)$= (180 \div 30 - 1) - 0$
$\qquad\qquad\qquad\qquad = 5$(개)

따라서 기약분수가 아닌 수의 개수는
$(81 + 54 + 32) - (27 + 16 + 10) + 5$
$= 167 - 53 + 5 = 119$(개)이므로
기약분수는 $179 - 16 - 119 = 44$(개)이고
㉠과 ㉡의 차는 $119 - 44 = 75$입니다.

---

⑤ 분수의 덧셈과 뺄셈　　　　48~57쪽

01	7	02	76	03	13
04	270	05	21	06	71
07	185	08	7	09	72
10	26	11	245	12	112
13	5	14	11	15	3
16	46	17	3	18	900
19	51	20	39	21	28
22	410	23	6	24	9
25	78	26	140	27	11
28	804	29	31	30	6

---

01 $\dfrac{3}{4} + \dfrac{3}{5} = \dfrac{15}{20} + \dfrac{12}{20} = \dfrac{27}{20} = 1\dfrac{7}{20}$이므로
□ 안에 알맞은 수는 7입니다.

02 $\dfrac{2}{3} + \dfrac{3}{5} = \dfrac{10}{15} + \dfrac{9}{15} = 1\dfrac{4}{15}$(시간)
따라서 영수가 공부를 한 시간은
$1\dfrac{4}{15}$시간$= 1\dfrac{16}{60}$시간$= 1$시간 16분$= 76$분
입니다.

03 $3\dfrac{3}{8} + 4\dfrac{2}{5} + 5\dfrac{9}{40} = 3\dfrac{15}{40} + 4\dfrac{16}{40} + 5\dfrac{9}{40}$
$\qquad\qquad\qquad\qquad = 12\dfrac{40}{40} = 13$(cm)

04 공통분모는 6과 9의 공배수입니다. 6과 9의 최소공배수는 18이므로 100보다 작은 공통분모는 18, 36, 54, 72, 90이므로 합을 구하면 270입니다.

05 $\dfrac{\text{㉡}}{\text{㉠}} = 2\dfrac{5}{6} + 1\dfrac{7}{12} = 4\dfrac{5}{12}$
㉠$+$㉡$+$㉢$= 4 + 12 + 5 = 21$

06 가$= \dfrac{1}{4} + \dfrac{3}{10} = \dfrac{11}{20}$
나$= \dfrac{5}{8} - \dfrac{2}{5} = \dfrac{9}{40}$
가$+$나$= \dfrac{11}{20} + \dfrac{9}{40} = \dfrac{31}{40}$
따라서 ㉠$+$㉡$= 40 + 31 = 71$

07 $1\dfrac{3}{4} + 1\dfrac{1}{3} = 1\dfrac{9}{12} + 1\dfrac{4}{12} = 3\dfrac{1}{12}$(시간)
➡ 3시간 5분$= 185$분

08 (셋째 날에 읽은 양)
$= \dfrac{23}{24} - \left(\dfrac{3}{8} + \dfrac{5}{12}\right) = \dfrac{23}{24} - \dfrac{19}{24} = \dfrac{4}{24} = \dfrac{1}{6}$
$\dfrac{\text{㉡}}{\text{㉠}} = \dfrac{1}{6}$이므로 ㉠$+$㉡$= 6 + 1 = 7$입니다.

09 $\dfrac{\text{㉢}}{\text{㉡}} = 10 - 3\dfrac{3}{8} - 4\dfrac{17}{20} = 1\dfrac{31}{40}$
따라서 ㉠$+$㉡$+$㉢$= 1 + 40 + 31 = 72$입니다.

10 $1 - \left(\dfrac{17}{24} + \dfrac{1}{9}\right) = \dfrac{13}{72}$이므로 영수가 더 읽어야 할 동화책은 $144 \div 72 \times 13 = 26$(쪽)입니다.

11 (변 ㄴㄷ의 길이)

$$=6\frac{1}{5}-\left(1\frac{1}{2}+2\frac{1}{4}\right)=2\frac{9}{20}\,(\text{m})$$

$$\rightarrow 2\frac{9}{20}\,\text{m}=2\frac{45}{100}\,\text{m}=2\,\text{m}\ 45\,\text{cm}=245\,\text{cm}$$

12 $\dfrac{1}{4}-\dfrac{1}{5}=\dfrac{5}{20}-\dfrac{4}{20}=\dfrac{1}{20}$,

$$\dfrac{1}{3}-\dfrac{1}{4}=\dfrac{4}{12}-\dfrac{3}{12}=\dfrac{1}{12}$$

따라서 □ 안에 들어갈 수 있는 수는 12보다 크고 20보다 작은 수이므로

$$13+14+15+16+17+18+19$$
$$=16\times7=112\text{입니다.}$$

13 $2\dfrac{2}{5}+2\dfrac{2}{5}+2\dfrac{2}{5}-\left(1\dfrac{1}{10}+1\dfrac{1}{10}\right)$

$$=6\dfrac{6}{5}-2\dfrac{2}{10}=7\dfrac{1}{5}-2\dfrac{1}{5}=5(\text{m})$$

14 120쪽은 전체의 $\dfrac{120}{360}=\dfrac{1}{3}$이고,

16쪽은 전체의 $\dfrac{16}{360}=\dfrac{2}{45}$이므로

아직 읽지 않은 부분은 전체의

$$1-\dfrac{2}{5}-\dfrac{1}{3}-\dfrac{2}{45}=\dfrac{2}{9}\text{입니다.}$$

따라서 $\dfrac{ⓒ}{ⓐ}=\dfrac{2}{9}$이므로

$$ⓐ+ⓒ=9+2=11\text{입니다.}$$

15 (어떤 수)$+4\dfrac{3}{5}-2\dfrac{7}{15}=7\dfrac{4}{15}$에서

(어떤 수)$=7\dfrac{4}{15}+2\dfrac{7}{15}-4\dfrac{3}{5}=5\dfrac{2}{15}$입니다.

따라서 바르게 계산한 값은

$$5\dfrac{2}{15}-4\dfrac{3}{5}+2\dfrac{7}{15}=3\text{입니다.}$$

16 차를 가장 크게 할 수 있는 두 대분수는

$5\dfrac{1}{3}$, $2\dfrac{1}{7}$입니다.

두 대분수의 차는 $3\dfrac{4}{21}=\dfrac{67}{21}$이므로

ⓐ과 ⓒ의 차는 46입니다.

17 $5\dfrac{5}{7}-2\dfrac{\square}{5}=5\dfrac{25}{35}-2\dfrac{\square\times7}{35}$

$$=(5-2)+\left(\dfrac{25}{35}-\dfrac{\square\times7}{35}\right)>3$$

이므로 $\dfrac{25}{35}-\dfrac{\square\times7}{35}>0$입니다.

따라서 $25>\square\times7$이므로 □ 안에 들어갈 수 있는 가장 큰 수는 3입니다.

18 $\dfrac{1}{7}<\dfrac{1}{5}<\dfrac{1}{3}$이고 지우개의 값은 같으므로 가장 많은 용돈을 가지고 있던 사람이 자기 용돈의 $\dfrac{1}{7}$을 낸 것이고, 가장 적은 용돈은 가지고 있던 사람이 자기 용돈의 $\dfrac{1}{3}$을 낸 것입니다.

따라서 지우개의 값은 $2100\div7=300$(원)이고 용돈을 가장 적게 가지고 있던 사람은 $300\times3=900$(원)을 가지고 있었습니다.

19 25분$=\dfrac{25}{60}$시간$=\dfrac{5}{12}$시간이므로

할아버지 댁에 가는데 걸린 시간은

$$2\dfrac{3}{4}+1\dfrac{2}{5}+\dfrac{5}{12}=4\dfrac{17}{30}(\text{시간})\text{입니다.}$$

$ⓐ\dfrac{ⓒ}{ⓑ}=4\dfrac{17}{30}$이므로

$$ⓐ+ⓑ+ⓒ=4+30+17=51\text{입니다.}$$

20 전체 물의 무게의 $\dfrac{1}{2}$이 $12\dfrac{3}{4}-7\dfrac{4}{5}=4\dfrac{19}{20}(\text{kg})$

이므로 물통만의 무게는 $7\dfrac{4}{5}-4\dfrac{19}{20}=2\dfrac{17}{20}(\text{kg})$

입니다. 따라서 $ⓐ\dfrac{ⓒ}{ⓑ}=2\dfrac{17}{20}$이므로

$$ⓐ+ⓑ+ⓒ=2+20+17=39\text{입니다.}$$

21 $4\dfrac{1}{2}+6\dfrac{1}{5}+4\dfrac{1}{2}+6\dfrac{1}{5}=21\dfrac{2}{5}(\text{cm})$

$ⓐ\dfrac{ⓒ}{ⓑ}=21\dfrac{2}{5}$이므로

$$ⓐ+ⓑ+ⓒ=21+5+2=28\text{입니다.}$$

22 수의 크기를 비교하면 $\dfrac{9}{8}>\dfrac{10}{9}>\dfrac{11}{10}$이므로

$$ⓐ\dfrac{ⓒ}{ⓑ}=\dfrac{9}{8}+\dfrac{10}{9}-\dfrac{11}{10}$$

$$=\dfrac{405}{360}+\dfrac{400}{360}-\dfrac{396}{360}$$

$$=\dfrac{409}{360}=1\dfrac{49}{360}\text{입니다.}$$

따라서 $ⓐ\dfrac{ⓒ}{ⓑ}=1\dfrac{49}{360}$이므로

$$ⓐ+ⓑ+ⓒ=1+360+49=410\text{입니다.}$$

23 $\frac{1}{2} \blacksquare \frac{1}{3} = \frac{1}{2} \blacktriangle \left(\underbrace{\frac{1}{2} \blacktriangle \frac{1}{3}}_{①} \right)$

②

① $\frac{1}{2} \blacktriangle \frac{1}{3} = \frac{1}{2} + \left(\frac{1}{2} + \frac{1}{3} \right) = \frac{8}{6} = 1\frac{1}{3}$

② $\frac{1}{2} \blacktriangle 1\frac{1}{3} = \frac{1}{2} + \left(\frac{1}{2} + 1\frac{1}{3} \right) = 2\frac{1}{3}$

$\frac{ⓒ}{ⓛ} = 2\frac{1}{3}$ 이므로

ⓐ+ⓛ+ⓒ=2+3+1=6입니다.

24 12의 약수 1, 2, 3, 4, 6, 12 중에서 합이 13이
되는 세 수는 3, 4, 6입니다.

$\frac{13}{12} = \frac{3}{12} + \frac{4}{12} + \frac{6}{12} = \frac{1}{4} + \frac{1}{3} + \frac{1}{2}$

따라서 가=4, 나=3, 다=2이므로
가+나+다=4+3+2=9입니다.

25 한솔이에게 남은 구슬 $1 - \left(\frac{3}{8} + \frac{5}{9} \right) = \frac{5}{72}$ 가
30개이므로 한솔이가 처음 가진 구슬은
$30 \div 5 \times 72 = 432$(개)입니다.
따라서 한별이와 유승이에게 나누어 준 개수의
차는 432개의 $\frac{5}{9} - \frac{3}{8} = \frac{13}{72}$이므로
$432 \div 72 \times 13 = 78$(개)입니다.

26
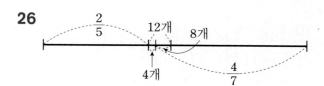

전체 구슬의 $1 - \frac{2}{5} - \frac{4}{7} = \frac{1}{35}$이 4개이므로
상자 안에 들어 있는 구슬은 $35 \times 4 = 140$(개)
입니다.

27

$\frac{4}{5}$	②	
★	$\frac{3}{4}$	$\frac{2}{3}$
①	③	

가로, 세로, 대각선의 세 수의 합이 같으므로

$\frac{4}{5} + ① = \frac{3}{4} + \frac{2}{3}$, $① = \frac{37}{60}$

$\frac{4}{5} + ② = \frac{3}{4} + \frac{37}{60}$, $② = \frac{34}{60}$

$\frac{37}{60} + ③ = \frac{4}{5} + \frac{3}{4}$, $③ = \frac{56}{60}$

따라서 세 수의 합은

$② + \frac{3}{4} + ③ = \frac{34}{60} + \frac{45}{60} + \frac{56}{60} = \frac{135}{60}$이므로

$\frac{5}{4} + ★ + ① = \frac{135}{60}$에서

$★ = \frac{135}{60} - \frac{37}{60} - \frac{48}{60} = \frac{50}{60} = \frac{5}{6}$이고

ⓐ+ⓛ=6+5=11입니다.

28 약수가 3개인 수는 약수가 2개인 수를 두 번 곱
한 수와 같습니다.
약수가 2개인 수는 2, 3, 5, 7, …이므로 약수
가 3개인 수는 $2 \times 2 = 4$, $3 \times 3 = 9$, $5 \times 5 = 25$,
$7 \times 7 = 49$입니다.

$\frac{ⓛ}{ⓐ} + \frac{ⓔ}{ⓒ} = \frac{4}{25} + \frac{9}{49} = \frac{421}{1225}$,

$\frac{ⓛ}{ⓐ} + \frac{ⓔ}{ⓒ} = \frac{9}{25} + \frac{4}{49} = \frac{541}{1225}$

따라서 $\frac{ⓛ}{ⓐ} + \frac{ⓔ}{ⓒ}$의 최솟값은 $\frac{421}{1225}$ 이므로

$\frac{\blacktriangle}{\blacksquare} = \frac{421}{1225}$ 이고 $\blacksquare - \blacktriangle = 1225 - 421 = 804$
입니다.

29 $⑦ + ④ + ④ = 1\frac{19}{24}$,

$⑦ - ④ = \frac{1}{4}$에서 $④ = ⑦ - \frac{1}{4}$,

$⑦ - ④ = \frac{7}{12}$에서 $④ = ⑦ - \frac{7}{12}$

$⑦ + ⑦ - \frac{1}{4} + ⑦ - \frac{7}{12} = 1\frac{19}{24}$에서

$⑦ + ⑦ + ⑦ = 1\frac{19}{24} + \frac{7}{12} + \frac{1}{4} = \frac{21}{8}$입니다.

$\frac{21}{8} = \frac{7}{8} + \frac{7}{8} + \frac{7}{8}$에서 $⑦$는 $\frac{7}{8}$이므로

$④ = \frac{7}{8} - \frac{1}{4} = \frac{5}{8}$, $④ = \frac{7}{8} - \frac{7}{12} = \frac{7}{24}$입니다.

따라서 가장 작은 수 $\frac{ⓛ}{ⓐ} = \frac{7}{24}$이므로

ⓐ+ⓛ=24+7=31입니다.

30 ♥가 24이면 $\frac{5}{\blacklozenge}$는 0이어야 하므로 ♥는 1부터
23까지의 수가 될 수 있습니다.
♥에 1부터 23까지의 수들을 차례대로 넣었을
때 ◆가 자연수인 경우는

$\frac{4}{4} + \frac{5}{1} = 6$, $\frac{14}{4} + \frac{5}{4} = 6$, $\frac{19}{4} + \frac{5}{4} = 6$,

$\dfrac{20}{4}+\dfrac{5}{5}=6$, $\dfrac{22}{4}+\dfrac{5}{10}=6$, $\dfrac{23}{4}+\dfrac{5}{20}=6$

으로 모두 6가지입니다.

KMA 실전 모의고사

① 회　　　　　　　　　　　58~67쪽

01 15	**02** 45	**03** 17
04 651	**05** 67	**06** 20
07 2	**08** 15	**09** ④
10 20	**11** 400	**12** 105
13 63	**14** 82	**15** 8
16 58	**17** 24	**18** 36
19 35	**20** 2	**21** 87
22 10	**23** 450	**24** 32
25 11	**26** 49	**27** 3
28 498	**29** 6	**30** 4

01 $36\div3+(5-3)\times4-5$
$=12+2\times4-5$
$=12+8-5$
$=15$

02 $(27+\bullet)\div8=4+5=9$,
$27+\bullet=9\times8=72$,
$\bullet=72-27=45$

03 (2의 배수)$=100\div2=50$(개)
(3의 배수)$=100\div3=33\cdots1$에서 33개
➡ $50-33=17$(개)

04 3과 7의 공배수인 수는 21의 배수이므로 주사
위를 3번 던져서 나온 숫자로 만든 수는 21의
배수이어야 합니다.
따라서 666보다 작은 수 중에서 가장 큰 21의
배수는 651입니다.

05 3씩 커지는 규칙이므로 □번째 수는 $3\times\square+1$
입니다.
$3\times\square+1>200$이어야 하므로 □가 67일 때
처음으로 200보다 큰 수가 놓이게 됩니다.

06

정삼각형의 수(개)	1	2	3	4	5	⋯
성냥개비의 수(개)	3	5	7	9	11	⋯

➡ (성냥개비의 수)$=$(정삼각형의 수)$\times2+1$
$41=$(정삼각형의 수)$\times2+1$,
(정삼각형의 수)$=(41-1)\div2=20$(개)

07 약분하여 $\dfrac{2}{3}$가 되는 분수는 $\dfrac{16}{24}$, $\dfrac{8}{12}$입니다.

08 $\dfrac{\text{ⓛ}}{\text{㉠}}=\dfrac{7}{10}=\dfrac{14}{20}=\dfrac{21}{30}=\cdots$이고,
이때 ㉠$+$ⓛ$=17$, 34, 51, ⋯로
17의 배수입니다.
$85\div17=5$이므로 $\dfrac{\text{ⓛ}}{\text{㉠}}=\dfrac{7\times5}{10\times5}=\dfrac{35}{50}$입니다.
따라서 ㉠$-$ⓛ$=50-35=15$입니다.

09 ① $\dfrac{2}{5}+\dfrac{9}{25}=\dfrac{10}{25}+\dfrac{9}{25}=\dfrac{19}{25}$
② $\dfrac{1}{24}+\dfrac{11}{12}=\dfrac{1}{24}+\dfrac{22}{24}=\dfrac{23}{24}$
③ $\dfrac{3}{4}+\dfrac{1}{7}=\dfrac{21}{28}+\dfrac{4}{28}=\dfrac{25}{28}$
④ $\dfrac{11}{15}+\dfrac{7}{10}=\dfrac{22}{30}+\dfrac{21}{30}=\dfrac{43}{30}=1\dfrac{13}{30}$
⑤ $\dfrac{5}{6}+\dfrac{1}{8}=\dfrac{20}{24}+\dfrac{3}{24}=\dfrac{23}{24}$

10 $5\dfrac{8}{15}+8\dfrac{11}{18}=14\dfrac{13}{90}$
$\square=14\dfrac{13}{90}+5\dfrac{77}{90}=20$

11 $8000-(2400\div3\times4+1200\div2\times4+3000\div6\times4)$
$=8000-7600$
$=400$(원)

12 $7\times24-(\square+7)\div8=154$
$(\square+7)\div8=168-154=14$
$\square+7=14\times8=112$
$\square=112-7=105$

13

따라서 ㉣에 사용된 정사각형 모양의 색종이는 $9\times7=63$(장)입니다.

...

...

14 1부터 80까지 늘어놓았다면 여기에는 5의 배수가 16개 있으므로 실제 남아 있는 수는 모두 64개입니다. 따라서 65번째 수는 81, 66번째 수는 82입니다.

15 흰색 바둑돌은 홀수 줄에 있으므로
$1+3+5+7+9+11+13+15=64$(개)이고,
검은색 바둑돌은 짝수 줄에 있으므로
$2+4+6+8+10+12+14+16=72$(개)입니다.
따라서 흰색 바둑돌 수와 검은색 바둑돌 수의 차는 $72-64=8$(개)입니다.

별해 두 줄마다 검은색 바둑돌이 1개씩 많으므로 검은색 바둑돌이 $16÷2=8$(개) 더 많습니다.

16 1 4 7 10 점의 개수가 3개씩 늘어나는 규칙
$+3 +3 +3$
이므로 20번째에 찍히는 점은
$1+3×19=58$(개)입니다.

17 분자에 더한 어떤 수를 □라고 하면
$\frac{3+□}{5+40}=\frac{3}{5}$이므로 $\frac{3+□}{45}=\frac{3×9}{5×9}$입니다.
따라서 $3+□=27$, $□=24$입니다.

18 나열된 분수의 분모, 분자의 차가 모두 16이므로 $\frac{5}{7}$와 크기가 같은 분수 중에서 분모, 분자의 차가 16인 분수를 찾습니다.
$\frac{5}{7}$는 분모, 분자의 차가 2이므로 $16÷2=8$에서 구하는 분수는 $\frac{5×8}{7×8}=\frac{40}{56}$입니다.
따라서 규칙에 따라 나열한 분수는 분모가 21부터 1씩 커지므로 $\frac{40}{56}$은 36번째 분수입니다.

19 $\frac{1}{4}+\frac{□}{10}=\frac{5}{20}+\frac{2×□}{20}=\frac{5+2×□}{20}$이고
$\frac{7}{10}=\frac{14}{20}$이므로 $\frac{5+2×□}{20}>\frac{14}{20}$
➡ $5+2×□>14$ ➡ $2×□>14-5$에서
$2×□>9$입니다.
따라서 □ 안에 들어갈 수 있는 한 자리 수는
5, 6, 7, 8, 9이고 모두 더하면 35입니다.

20 ■＋▲＝10이 되는 경우를 표로 만들어 보면 다음과 같습니다.

■	1	2	3	4	6	7	8	9
▲	9	8	7	6	4	3	2	1

이 중 $\frac{2}{■}+\frac{3}{▲}=1$을 만족하는 ■와 ▲를 구하면 ■＝4, ▲＝6입니다.
따라서 ■와 ▲의 차는 $6-4=2$입니다.

21 □÷□×□의 값이 가장 작을 때 계산 결과는 가장 큽니다.
따라서 $85-\boxed{8}÷\boxed{4}×\boxed{2}+\boxed{6}=87$입니다.

22 ㉠을 기준으로 세 수의 관계를 보면,
㉠, ㉠$-30=$㉡, ㉠$-50=$㉢이므로
㉠$+($㉠$-30)+($㉠$-50)=250$
㉠$+$㉠$+$㉠$=330$, ㉠$=110$입니다.
따라서 ㉠$=110$, ㉡$=80$, ㉢$=60$이므로
최대공약수는 10입니다.

23 ▲$-$☆을 구하면
$\underbrace{400+(402-401)+(404-403)+\cdots+(500-499)}_{50개}$
입니다.
따라서 $400+1×50=450$입니다.

24 $96=2×2×2×2×2×3$이므로 분모가 96인 진분수 중 약분할 수 있는 분수의 개수는 96보다 작은 2의 배수와 3의 배수의 개수의 합에서 2와 3의 공배수인 6의 배수의 개수를 뺀 값과 같습니다. 96보다 작은 2의 배수는 47개, 3의 배수는 31개, 6의 배수는 15개이므로 분모가 96인 진분수 중에서 약분할 수 있는 분수는 $47+31-15=63$(개)입니다.
따라서 분모가 96인 진분수 중에서 기약분수는 $95-63=32$(개)입니다.

25 두 대분수 중 큰 대분수를 ㉮, 작은 대분수를 ㉯라고 하면, ㉮와 ㉯의 합이 $7\frac{1}{2}$이고, ㉮와 ㉯의 차가 $1\frac{2}{3}$이므로 ㉮와 ㉮의 합은
$7\frac{1}{2}+1\frac{2}{3}=9\frac{1}{6}$입니다.
$9\frac{1}{6}$을 분모가 12인 분수로 만들면 $9\frac{2}{12}$이고,

$9\dfrac{2}{12}=\dfrac{110}{12}$ 이므로 ㉮는 $\dfrac{55}{12}=4\dfrac{7}{12}$ 입니다.

따라서 ㉠＝4, ㉡＝7이므로

㉠＋㉡＝4＋7＝11입니다.

26 (가장 큰 자연수)＝8×6＋4÷2＝50

(가장 작은 자연수)＝6×4÷8－2＝1

➡ 50－1＝49

27 어떤 수를 6으로 나누었을 때의 나머지는

1, 2, 3, 4, 5뿐입니다.

＜㉰, 6＞＋＜㉱, 6＞＝9라 했으므로

＜㉰, 6＞과 ＜㉱, 6＞은 4 또는 5입니다.

(㉰＋㉱)는 6의 배수보다 9 큰 수이고,

9는 6보다 3 큰 수입니다.

따라서 ＜㉰＋㉱, 6＞＝3입니다.

28 작은 삼각형 1개짜리 : 4×50＝200(개)

작은 삼각형 2개짜리 : 4×50＝200(개)

작은 삼각형 4개짜리 : (50－1)×2＝98(개)

➡ 200＋200＋98＝498(개)

29 ㉠, ㉡에 자연수를 넣어 보면

㉡＝1일 때 $\dfrac{㉠}{3}+\dfrac{4}{1}=5$ ➡ ㉠＝3

㉡＝2일 때 $\dfrac{㉠}{3}+\dfrac{4}{2}=5$ ➡ ㉠＝9

㉡＝3일 때 $\dfrac{㉠}{3}+\dfrac{4}{3}=5$ ➡ ㉠＝11

㉡＝4일 때 $\dfrac{㉠}{3}+\dfrac{4}{4}=5$ ➡ ㉠＝12

㉡＝6일 때 $\dfrac{㉠}{3}+\dfrac{4}{6}=5$ ➡ ㉠＝13

㉡＝12일 때 $\dfrac{㉠}{3}+\dfrac{4}{12}=5$ ➡ ㉠＝14

따라서 (3, 1), (9, 2), (11, 3), (12, 4), (13, 6), (14, 12)로 모두 6가지입니다.

30 $\dfrac{3}{4}+\dfrac{\square}{3}+\dfrac{\square}{15}+\dfrac{2}{3}+\dfrac{\square}{45}=2\dfrac{103}{180}$

$\dfrac{\square}{5}+\dfrac{\square}{15}+\dfrac{\square}{45}=2\dfrac{103}{180}-\dfrac{3}{4}-\dfrac{2}{3}=1\dfrac{7}{45}$

$\dfrac{\square\times9+\square\times3+\square}{45}=1\dfrac{7}{45}=\dfrac{52}{45}$

$\square\times13=52$, $\square=4$

---

2 회 68~77쪽

01 57	**02** 43	**03** 64
04 ③	**05** 80	**06** 123
07 144	**08** 10	**09** 53
10 40	**11** 5	**12** 84
13 32	**14** 6	**15** 183
16 1	**17** 8	**18** 8
19 17	**20** 4	**21** 15
22 10	**23** 4	**24** 13
25 25	**26** 720	**27** 6
28 116	**29** 24	**30** 32

01 70－6×8÷4＝70－12＝58

58＞□에서 □ 안에는 1부터 57까지 57개의 자연수가 들어갈 수 있습니다.

02 어떤 수를 □라 하여 식을 세우면

(56－□)×6＝120÷4＋48

(56－□)×6＝78

56－□＝78÷6＝13

□＝56－13＝43

03 ▲＝60, ■＝4

따라서 ▲＋■＝60＋4＝64입니다.

04 수 9612는 짝수입니다.

끝의 두 자리 12가 4의 배수이므로 9612는 4의 배수입니다.

각 자리 숫자의 합이 9＋6＋1＋2＝18이고 18은 3, 9의 배수이므로

수 9612는 3의 배수, 9의 배수입니다.

또, 9612는 짝수이면서 3의 배수이므로 6의 배수입니다.

05 시간과 물의 높이 사이의 대응 관계를 식으로 나타내면 (높이)＝(시간)×3입니다.

따라서 240＝80×3이므로 빈 물탱크를 가득 채우는 데 걸리는 시간은 80분입니다.

06 대응 관계를 식으로 나타내면 ▲＝●×2－1입니다.

㉮＝40×2－1＝79, ㉯＝(87＋1)÷2＝44이므로 ㉮＋㉯＝79＋44＝123입니다.

07 $\dfrac{1}{4}$ 과 $\dfrac{2}{3}$ 를 통분하면 $\dfrac{3}{12}$ 과 $\dfrac{8}{12}$ 입니다.

빨간색   노란색   파란색 (12 cm)

따라서 막대의 $\dfrac{1}{12}$ 이 12 cm이므로 막대 전체의

길이는 $12 \times 12 = 144$(cm)입니다.

08 통분하면 $\dfrac{3}{21} < \dfrac{\square}{3} < \dfrac{14}{21}$ 입니다.

따라서 □ 안에 들어갈 수 있는 수는 3보다 크고 14보다 작은 자연수이므로 10개입니다.

09 $1\dfrac{3}{4} - \dfrac{5}{8} - \dfrac{4}{5} = 1\dfrac{30}{40} - \dfrac{25}{40} - \dfrac{32}{40} = \dfrac{13}{40}$

$\dfrac{\bigcirc\!\!\!\text{ㄴ}}{\bigcirc\!\!\!\text{ㄱ}} = \dfrac{13}{40}$ 이므로 ㉠+㉡$=40+13=53$입니다.

10 $4\dfrac{2}{5} + 3\dfrac{1}{4} = 4\dfrac{8}{20} + 3\dfrac{5}{20} = 7\dfrac{13}{20}$ (km)

㉠$\dfrac{\text{ㄷ}}{\text{ㄴ}} = 7\dfrac{13}{20}$ 이므로

㉠+㉡+㉢$=7+20+13=40$입니다.

11 형은 유승이가 출발하기 전 20분 동안
$50 \times 20 = 1000$(m)를 갔습니다.
유승이는 1분에 250 m씩 가기 때문에
유승이가 출발한 지 □분 후 유승이와 형이 각각 간 거리는
유승 : $(250 \times \square)$ m
형 : $(1000 + 50 \times \square)$ m
따라서 유승이와 형이 만날 때는
$250 \times \square = 1000 + 50 \times \square$ 이므로
□$=5$(분) 후에 만납니다.

12 식탁이 1개일 때 8명, 식탁이 2개일 때 12명, 식탁이 3개일 때 16명, ……이 앉을 수 있습니다.
식탁이 한 개씩 늘어날 때마다 4명씩 더 앉을 수 있으므로 식탁이 20개이면
$8 + 4 \times (20 - 1) = 84$(명)이 앉을 수 있습니다.

13 두 자연수를 A, B라고 하면
$\underline{16)\,\text{A B}}$ $16 \times a \times b = 560,$
    a   b $a \times b = 560 \div 16 = 35$
$16 \times a + 16 \times b = 192$, $a + b = 12$
$a \times b = 35$, $a + b = 12$이므로
$a = 7$, $b = 5$ 또는 $a = 5$, $b = 7$입니다.

따라서 두 자연수는 $16 \times 7 = 112$, $16 \times 5 = 80$
이고, 차는 $112 - 80 = 32$입니다.

14 5로 나누어떨어지는 수는 5의 배수인데, 5의 배수는 일의 자리 숫자가 0 또는 5입니다.
주사위의 눈에는 0이 없으므로 만들 수 있는 수는 15, 25, 35, 45, 55, 65입니다.
따라서 5로 나누어떨어지는 수는 모두 6개입니다.

15

정사각형의 수(개)	1	2	3	4	⋯
클립의 수(개)	12	21	30	39	⋯

(클립의 수)$=$(정사각형의 수)$\times 9 + 3$이므로
정사각형을 20개 만들려면
클립은 $20 \times 9 + 3 = 183$(개)가 필요합니다.

16 9
$9 \times 9 = 81$
$9 \times 9 \times 9 = 81 \times 9 = 729$
$9 \times 9 \times 9 \times 9 = 729 \times 9 = 6561$
$9 \times 9 \times 9 \times 9 \times 9 = 6561 \times 9 = 59049$
    ⋮
9를 계속하여 곱하면, 일의 자리 숫자는 9와 1이 계속 반복됩니다.
따라서 9를 12번 곱했으므로 일의 자리 숫자는 1입니다.

17 $\dfrac{48}{120} = \dfrac{2}{5} = \dfrac{\blacktriangle}{\blacksquare}$ 이므로 $\blacktriangle = 2$, $\blacksquare = 5$,

$\dfrac{13}{52} = \dfrac{1}{4} = \dfrac{\bullet}{\bigstar}$ 이므로 $\bullet = 1$, $\bigstar = 4$,

$\dfrac{39}{91} = \dfrac{3}{7} = \dfrac{\clubsuit}{\blacklozenge}$ 이므로 $\clubsuit = 3$, $\blacklozenge = 7$입니다.

따라서 가장 큰 수는 7이고 가장 작은 수는 1이므로 두 수의 합은 $7 + 1 = 8$입니다.

18 $\dfrac{7 \times 13}{9 \times 13} + \dfrac{\square \times 3}{39 \times 3} < \dfrac{117}{117}$

➡ $\dfrac{91}{117} + \dfrac{\square \times 3}{117} < \dfrac{117}{117}$

$91 + \square \times 3 < 117$, $\square \times 3 < 117 - 91$,
$\square \times 3 < 26$
따라서 □ 안에 들어갈 수 있는 자연수는
$26 \div 3 = 8 \cdots 2$이므로 8개입니다.

19 $\dfrac{1}{42}+\dfrac{1}{48}+\dfrac{1}{56}=\dfrac{1}{6\times7}+\dfrac{1}{6\times8}+\dfrac{1}{7\times8}$

$\qquad\qquad\qquad\qquad=\dfrac{8+7+6}{6\times7\times8}=\dfrac{7\times3}{6\times7\times8}$

$\qquad\qquad\qquad\qquad=\dfrac{1}{16}$

따라서 ㉠=16, ㉡=1이므로 ㉠+㉡=17입니다.

20 $8\dfrac{3}{4}-3\dfrac{1}{4}=5\dfrac{2}{4}=5\dfrac{1}{2}$,

$2\dfrac{7}{16}+2\dfrac{11}{12}=2\dfrac{21}{48}+2\dfrac{44}{48}=4\dfrac{65}{48}=5\dfrac{17}{48}$

이므로 큰 수는 $5\dfrac{1}{2}$입니다.

$5\dfrac{1}{2}$의 $\dfrac{1}{2}$은 $\dfrac{11}{2}$의 $\dfrac{1}{2}$이므로 $\dfrac{11}{4}$입니다.

$5\dfrac{1}{2}$의 $\dfrac{1}{2}$보다 $1\dfrac{1}{4}$ 큰 수는 $\dfrac{11}{4}+1\dfrac{1}{4}=4$입니다.

21 $\square♥3 \Rightarrow \square\times12-(24-9\div3)\times3=117$

$\qquad\qquad\quad \square\times12-63=117$

$\qquad\qquad\quad \square\times12=180$

$\qquad\qquad\quad \square=180\div12=15$

22 $250=5\times5\times5\times2$이므로

$\dfrac{1}{250}=\dfrac{1}{5\times5\times5\times2}$입니다.

$\dfrac{1}{250}=\dfrac{5\times2}{(5\times5\times2)\times(5\times5\times2)}$이므로 ㉠에

알맞은 수 중에서 가장 작은 수는 $5\times2=10$입니다.

23 최대공약수가 5이므로

$15=5\times3$

$40=5\times2\times2\times2$

㉠$=5\times\square$이고

최소공배수가 120이므로 $120=2\times2\times2\times3\times5$

에서 ㉠은 5, 10, 15, 20, 30, 40, 60, 120이

될 수 있습니다.

따라서 ㉠은 15, 40과 서로 다른 수이고 50보다 작으므로 5, 10, 20, 30으로 4개입니다.

24 동민이가 25문제를 다 맞았다면 얻을 수 있는

점수는 $100+25\times4=200$(점)이고 실제로

$200-140=60$(점) 차이가 나는 것은 한 문제

가 틀릴 때마다 $4+1=5$(점)을 잃기 때문입니다.

따라서 틀린 문제는 $60\div5=12$(문제)이므로

맞은 문제는 $25-12=13$(문제)입니다.

25 $\left(4\dfrac{3}{5}+2\dfrac{3}{4}+1\dfrac{3}{8}\right)-8\dfrac{9}{40}=\dfrac{1}{2}$(m)

겹쳐진 부분은 2군데이므로 $\dfrac{1}{4}$ m씩 겹쳐서 붙

인 것입니다.

따라서 $\dfrac{1}{4}$ m$=25$ cm씩 겹쳐서 붙인 것입니다.

26 계산 결과가 가장 큰 경우 :

$5+6\times(7+8)\times9=815$

계산 결과가 가장 작은 경우 :

$5\times6+(7\times8)+9=95$

계산 결과의 차 : $815-95=720$

27 ㉠83㉡은 36으로 나누어떨어지므로 4와 9로도

나누어떨어집니다.

4로 나누어떨어지는 수는 끝의 두 자리 수가 4

로 나누어떨어지므로 3㉡은 4로 나누어떨어집

니다. 그러므로 ㉡에 알맞은 수는 2 또는 6입니다.

9로 나누어떨어지는 수는 각 자리의 숫자의 합

이 9로 나누어떨어져야 하므로

㉠$+8+3+2$와 ㉠$+8+3+6$이 9로 나누어

떨어져야 합니다.

따라서 ㉠은 5 또는 1이므로 $5+1=6$입니다.

28 첫 번째의 둘레 : $1\times4=(2\times1-1)\times4=4$

두 번째의 둘레 : $3\times4=(2\times2-1)\times4=12$

세 번째의 둘레 : $5\times4=(2\times3-1)\times4=20$

따라서 15번째의 도형의 둘레의 길이는

$(2\times15-1)\times4=116$(cm)입니다.

29 $144=2\times2\times2\times2\times3\times3$이므로 분자가 2의

배수나 3의 배수이면 약분할 수 있습니다.

14부터 85까지의 수 중 2의 배수는 36개, 3의

배수는 24개, 6의 배수는 12개입니다.

따라서 약분할 수 없는 분수는

$72-(36+24-12)=24$(개)입니다.

30 $\dfrac{1}{2+1}+\dfrac{2}{2+1}=1$,

$\underbrace{\dfrac{1}{4+1}+\dfrac{2}{4+1}+\dfrac{3}{4+1}+\dfrac{4}{4+1}}_{1}=2$,

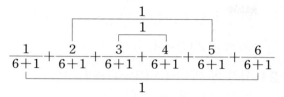

$=3$

1보다 작은 연속하는 진분수의 합은 진분수의 개수의 반입니다.
따라서 진분수의 개수는 $16 \times 2 = 32$(개)이므로
$\square = 32$입니다.

3 회
78~87쪽

01 ②	**02** 110	**03** 91
04 26	**05** 45	**06** 1
07 ②	**08** 4	**09** 13
10 32	**11** 137	**12** 11
13 810	**14** 525	**15** 28
16 16	**17** 28	**18** 117
19 16	**20** 29	**21** 12
22 27	**23** 5	**24** 50
25 2	**26** 5	**27** 20
28 585	**29** 13	**30** 16

01 ① 36 ② 42 ③ 37

02 $840 \div 3 - (32 + 53) \times 2 = 110$(개)

03 36이 $\square$의 배수가 되려면 $\square$는 36의 약수가 되어야 하므로 $\square$ 안에 들어갈 수 있는 수는
36의 약수인 1, 2, 3, 4, 6, 9, 12, 18, 36입니다.
$1 + 2 + 3 + 4 + 6 + 9 + 12 + 18 + 36 = 91$

04 필요한 과일의 수는 사과는 8개가 부족하므로 $(70 + 8)$개, 감은 13개가 남으므로 $(195 - 13)$개, 배는 딱 맞으므로 260개입니다.
세 수 78, 182, 260의 최대공약수는 26이므로 어린이의 수는 26의 약수 중 13보다 큰 수입니다.
따라서 어린이는 모두 26명입니다.

05 $\blacksquare \times 3 = \bullet$이므로 $\blacksquare$가 15일 때
$\bullet$는 $15 \times 3 = 45$입니다.

06 서울이 오후 1시일 때 런던은 오전 4시이고, 서울이 오후 3시일 때 런던은 오전 6시이므로 서울이 런던보다 9시간 빠릅니다. 따라서 런던의 시각은 서울의 시각에서 9시간을 빼 주면 됩니다.

07 어림하여 $\dfrac{1}{2}$보다 큰 분수를 찾고 분모의 최소공배수로 통분한 후 분자의 크기를 비교합니다.
① $\dfrac{5}{7} = \dfrac{45}{63}$, ② $\dfrac{7}{9} = \dfrac{49}{63}$, ③ $\dfrac{2}{3} = \dfrac{42}{63}$이므로
가장 큰 분수는 ②입니다.

08 $2\dfrac{1}{4} > \dfrac{11}{6} > 1\dfrac{3}{8} > \dfrac{9}{7} > \dfrac{3}{3}$이므로 $\dfrac{9}{7}$는 4번째에 놓이게 됩니다.

09 (정삼각형 1개를 만드는 데 사용한 철사의 길이)
$= 2\dfrac{2}{5} + 2\dfrac{2}{5} + 2\dfrac{2}{5} = 7\dfrac{1}{5}$(m)
(남은 철사의 길이)
$= 20 - \left(7\dfrac{1}{5} + 7\dfrac{1}{5}\right) = 5\dfrac{3}{5}$(m)
$\dfrac{\bigcirc}{\bigcirc} = 5\dfrac{3}{5}$이므로
$\bigcirc + \bigcirc + \bigcirc = 5 + 5 + 3 = 13$입니다.

10 (어떤 수) $- 4\dfrac{5}{8} = 2\dfrac{5}{12}$이므로
(어떤 수) $= 2\dfrac{5}{12} + 4\dfrac{5}{8} = 7\dfrac{1}{24}$입니다.
➡ $\bigcirc + \bigcirc + \bigcirc = 7 + 24 + 1 = 32$

11 $9 \star 7 = 9 \times 7 - (9 + 7) = 63 - 16 = 47$
$4 \star 47 = 4 \times 47 - (4 + 47) = 188 - 51 = 137$

12 $680 \div 4 - (12 + \square) \times 4 = 78$
$170 - (12 + \square) \times 4 = 78$
$(12 + \square) \times 4 = 170 - 78 = 92$
$12 + \square = 92 \div 4 = 23$
$\square = 23 - 12 = 11$

13 두 수의 최대공약수는 $3 \times 5 \times \bullet = 45$입니다.
따라서 두 수의 최소공배수는
$3 \times 5 \times \bullet \times 2 \times 3 \times 3 = 45 \times 2 \times 3 \times 3 = 810$입니다.

14

15) 가	120	21) 가	168
㉠	8	㉡	8

가는 15와 21의 최소공배수인 105의 배수입니다. 560보다 작은 수 중 가장 큰 105의 배수는 525이고, 525는 조건을 모두 만족하므로 가장 큰 자연수 가는 525입니다.

15 한 사람이 7번씩 가위바위보를 하므로 8명은 $7 \times 8 = 56$(번)을 해야 하지만 ㉮와 ㉯가 한 경우나 ㉯와 ㉮가 한 경우는 같기 때문에 $56 \div 2 = 28$(번)만 하면 됩니다.

[별해] 선으로 이은 후, 선의 개수를 세어 봅니다.

16

두 번째 사람과 10번째 사람 사이에 7명이 앉아 있습니다.
따라서 $7 \times 2 + 2 = 16$(명)입니다.

17 $\dfrac{35+\square}{29+43} = \dfrac{35+\square}{72} = \dfrac{7 \times 9}{8 \times 9}$

$35+\square = 63$, $\square = 63 - 35 = 28$

18 $\dfrac{4}{9} < \dfrac{8}{\square} < 1 \Rightarrow \dfrac{8}{18} < \dfrac{8}{\square} < \dfrac{8}{8}$

□ 안에 들어갈 수 있는 자연수는 9, 10, 11, 12, 13, 14, 15, 16, 17입니다.
따라서 이 수들을 모두 더하면 117입니다.

19 가 $= 5\dfrac{7}{10} - 2\dfrac{5}{6} + 1\dfrac{14}{15}$

$= 5\dfrac{21}{30} - 2\dfrac{25}{30} + 1\dfrac{28}{30} = 4\dfrac{4}{5}$

따라서 ㉠$=4$, ㉡$=5$, ㉢$=4$이므로
㉠$\times$㉡$-$㉢$= 4 \times 5 - 4 = 16$입니다.

20 $4\dfrac{5}{7}$를 가분수로 나타내면 $\dfrac{33}{7}$입니다.
두 가분수의 분자를 ㉮, ㉯라 하면, 두 분자의 크기를 다음과 같이 나타낼 수 있습니다.

㉮$= 33 \div 3 = 11$, ㉯$= 11 \times 2 = 22$

따라서 큰 가분수는 $\dfrac{22}{7}$이므로 분자와 분모의 합은 29입니다.

21 가장 클 때 : $64 \div (2 \times 4) + 8 = 16$
가장 작을 때 : $64 \div (4 \times 8) + 2 = 4$
$16 - 4 = 12$

22 228, 76, 209의 최대공약수를 구하면 19입니다. 따라서 삼각형의 한 꼭짓점에서 시작하여 19 m 간격으로 말뚝을 박으면 말뚝은 모두 $(228 + 76 + 209) \div 19 = 27$(개) 필요합니다.

23 표를 그려서 알아봅니다.

30 cm 막대(개)	23	22	21	20
50 cm 막대(개)	1	2	3	4
총 길이(cm)	740	760	780	800

따라서 길이가 30 cm인 막대는 20개, 50 cm인 막대는 4개이므로 길이가 30 cm인 막대의 개수는 길이가 50 cm인 막대의 개수의 $20 \div 4 = 5$(배)입니다.

24 24개의 분수를 모두 더하면
$$\dfrac{1+2+3+4+\cdots+22+23+24}{5} = \dfrac{300}{5} = 60$$
약분하면 자연수가 되는 분수는 $\dfrac{5}{5}=1$, $\dfrac{10}{5}=2$, $\dfrac{15}{5}=3$, $\dfrac{20}{5}=4$이므로
$60 - \left(\dfrac{5+10+15+20}{5}\right)$
$= 60 - \dfrac{50}{5} = 60 - 10 = 50$

25 ㉮$-$㉯$= \dfrac{1}{5} \Rightarrow$ ㉯$=$㉮$- \dfrac{1}{5}$

㉮$-$㉢$= \dfrac{7}{15} \Rightarrow$ ㉢$=$㉮$- \dfrac{7}{15}$

㉮$+$㉯$+$㉢$=$㉮$+\left($㉮$-\dfrac{1}{5}\right)+\left($㉮$-\dfrac{7}{15}\right)$
$=$㉮$+$㉮$+$㉮$-\dfrac{2}{3}$이므로

㉮$+$㉮$+$㉮$-\dfrac{2}{3} = 1\dfrac{2}{15}$, ㉮$+$㉮$+$㉮$= \dfrac{9}{5}$

따라서 $\dfrac{3}{5} + \dfrac{3}{5} + \dfrac{3}{5} = \dfrac{9}{5}$이므로 ㉮$= \dfrac{3}{5}$입니다.
$\Rightarrow 5 - 3 = 2$

26 달걀을 팔아 생긴 이익금은

$(900-45) \times 150 - 900 \times 100$

$=128250-90000=38250$(원)입니다.

따라서 이익금은 $38250 \div 7650 = 5$(명)이 나누어 가졌습니다.

27 120까지의 자연수 중 2의 배수는 60개이고, 3의 배수는 40개입니다.

석기와 영수가 모두 밟은 계단 수는 2와 3의 공배수, 즉 6의 배수의 개수이므로 20개이고, 아무도 밟지 않은 계단 수는 2의 배수도 3의 배수도 아닌 수의 개수이므로

$120-(60+40-20)=40$(개)입니다.

따라서 석기와 영수가 모두 밟은 계단 수와 아무도 밟지 않은 계단 수의 차는 $40-20=20$(개)입니다.

28 4로 나누었을 때 나머지가 1이면 1그룹, 2이면 2그룹, 3이면 3그룹, 0이면 4그룹으로 나누고 있습니다.

따라서 보기 에서 4로 나누었을 때 나머지가 3인 수들을 찾으면 $59(4 \times 14 + 3)$,

$199(4 \times 49 + 3)$, $327(4 \times 81 + 3)$이므로

$59+199+327=585$입니다.

29 약수의 개수가 홀수인 경우는 같은 수가 2번 곱해지는 경우입니다.

$2 \times 2 = 4$(약수의 개수 3개 : 1, 2, 4)

$3 \times 3 = 9$(약수의 개수 3개 : 1, 3, 9)

$4 \times 4 = 16$(약수의 개수 5개 : 1, 2, 4, 8, 16)

…

따라서 1보다 크고 200보다 작은 수 중에서 약수의 개수가 홀수인 수는

$2 \times 2 = 4$, $3 \times 3 = 9$, …, $14 \times 14 = 196$으로

$14-1=13$(개)입니다.

30 $\dfrac{1}{\text{㉠}} + \dfrac{1}{\text{㉡}} = \dfrac{\text{㉠}+\text{㉡}}{\text{㉠} \times \text{㉡}}$, $\dfrac{1}{\text{㉢}} + \dfrac{1}{\text{㉣}} = \dfrac{\text{㉢}+\text{㉣}}{\text{㉢} \times \text{㉣}}$

입니다. ㉠과 ㉡은 서로 다른 짝수이므로 ㉠×㉡은 항상 4의 배수입니다.

$\dfrac{\text{㉠}+\text{㉡}}{\text{㉠} \times \text{㉡}}$이 $\dfrac{(\text{짝수})}{(\text{홀수})}$이기 위해서는 ㉠×㉡은 $4 \times (\text{홀수})$이고 ㉠+㉡은 $4 \times (\text{짝수})$이어야 합니다.

이러한 수를 찾으면

$\dfrac{2+6}{2 \times 6} = \dfrac{8}{12} = \dfrac{4 \times 2}{4 \times 3} = \dfrac{2}{3}$, $\dfrac{2}{3} = \dfrac{1}{3} + \dfrac{1}{3}$

이므로 조건에 맞지 않습니다.

$\dfrac{6+10}{6 \times 10} = \dfrac{16}{60} = \dfrac{4 \times 4}{4 \times 15} = \dfrac{4}{15}$,

$\dfrac{4}{15} = \dfrac{1}{5} + \dfrac{1}{15}$이므로 조건에 맞습니다.

따라서 ㉠+㉡ 중 가장 작은 수는 16입니다.

KMA 최종 모의고사

① 회 88~97쪽

01	8	**02**	14	**03**	5
04	17	**05**	35	**06**	12
07	4	**08**	35	**09**	499
10	9	**11**	140	**12**	595
13	42	**14**	55	**15**	93
16	165	**17**	98	**18**	③
19	97	**20**	②	**21**	144
22	288	**23**	5	**24**	83
25	2	**26**	138	**27**	125
28	45	**29**	38	**30**	78

01 $84 \div 6 \times \square = 112$

$14 \times \square = 112$

$\square = 112 \div 14 = 8$

02 $\square + 3 \times 7 < 24 + 108 \div 9$

$\square + 21 < 24 + 12$

$\square + 21 < 36$

$\square < 36 - 21$

$\square < 15$

따라서 □ 안에는 1부터 14까지의 자연수가 들어갈 수 있습니다.

03

$$\begin{array}{r} 3\ 5 \\ 7\overline{)24\ \boxed{5}} \\ 21 \\ \hline 3\ \boxed{5} \\ 3\ 5 \\ \hline 0 \end{array}$$

KMA 정답과 풀이

04 6의 배수는 각 자리 숫자의 합이 3의 배수이면서 일의 자리 숫자가 짝수인 수입니다.

89ⓐ5ⓑ이 가장 큰 수가 되어야 하므로 ⓐ에 9를 넣습니다.

$8+9+9+5+$ⓑ$=31+$ⓑ $\Rightarrow$ ⓑ$=8$

따라서 ⓐ$=9$, ⓑ$=8$이므로 ⓐ$+$ⓑ$=17$입니다.

05 ★$=$♠-7이므로 ⓐ$=7$입니다.

★이 21일 때, $21=$ⓑ-7이므로 ⓑ$=28$입니다.

따라서 ⓐ$+$ⓑ$=35$입니다.

06 자른 횟수와 도막의 수 사이의 대응 관계를 식으로 나타내면

(도막의 수)$=$(자른 횟수)$\times2+1$이므로

25도막으로 나누려면

$25=$(자른 횟수)$\times2+1$에서

(자른 횟수)$=(25-1)\div2=12$(번)입니다.

07 $\dfrac{2+\square}{5+\square}=\dfrac{2}{3}$, $3\times(2+\square)=2\times(5+\square)$,

$6+3\times\square=10+2\times\square$,

$\square=10-6=4$

08 처음 분수를 $\dfrac{▲}{■}$라 하면

$\dfrac{▲}{■}=\dfrac{▲\div3}{(■-5)\div3}=\dfrac{3}{7}$, $\dfrac{▲}{(■-5)}=\dfrac{9}{21}$에서

$■=26$, $▲=9$이므로 처음 분수의 분모와 분자의 합은 35입니다.

09 $23\dfrac{1}{4}+10\dfrac{2}{5}-8\dfrac{7}{10}$

$=\dfrac{93}{4}+\dfrac{52}{5}-\dfrac{87}{10}$

$=\dfrac{465}{20}+\dfrac{208}{20}-\dfrac{174}{20}$

$=\dfrac{499}{20}$

10 과일 4개의 무게 : $4\dfrac{1}{2}-2\dfrac{1}{10}=2\dfrac{2}{5}$(kg)

$2\dfrac{2}{5}=\dfrac{12}{5}=\dfrac{3}{5}+\dfrac{3}{5}+\dfrac{3}{5}+\dfrac{3}{5}$이므로

과일 1개의 무게는 $\dfrac{3}{5}$kg입니다.

따라서 그릇의 무게는

$2\dfrac{1}{10}-\left(\dfrac{3}{5}+\dfrac{3}{5}\right)=\dfrac{9}{10}$(kg)이므로

$\dfrac{▲}{■}\times10=\dfrac{9}{10}\times10=9$입니다.

11 ⓐ $5\times9+4\times(20-8)$

$=45+4\times12=45+48=93$

ⓑ $215\div5\times6-75\div3$

$=43\times6-25=258-25=233$

$\Rightarrow233-93=140$

12 $340\times3-255\div3\times5=595$(g)

13 ⓐ과 ⓑ 조건을 만족하는 수는

56, 70, 84, 98입니다.

이 중 ⓒ 조건을 만족하는

A는 56이고 B는 98입니다.

따라서 B$-$A$=98-56=42$입니다.

14 짝수는 2의 배수이므로 1000보다 작은 수 중에서 2와 9의 공배수를 구하는 것과 같습니다.

2와 9의 최소공배수는 18이므로

$1000\div18=55\cdots10$에서 모두 55개입니다.

15 자연수는 1이고 분모는 2씩 커지고, 분자는 1씩 커지는 규칙이 있습니다.

따라서 30번째 분수의 분모는 $3+2\times29=61$이고, 분자는 $2+1\times29=31$이므로 30번째 분수는 $1\dfrac{31}{61}$입니다.

$ⓐ\dfrac{ⓒ}{ⓑ}=1\dfrac{31}{61}$이므로

$ⓐ+ⓑ+ⓒ=1+61+31=93$입니다.

16 첫 번째 : $3\times1=3$(개)

두 번째 : $3\times(1+2)=9$(개)

세 번째 : $3\times(1+2+3)=18$(개)

네 번째 : $3\times(1+2+3+4)=30$(개)

$\vdots$

따라서 10번째 그림에서 사용하는 성냥개비의 수는 $3\times(1+2+3+\cdots+10)=165$(개)입니다.

17 $\dfrac{5}{9}<\dfrac{10}{\square}<1 \Rightarrow \dfrac{10}{18}<\dfrac{10}{\square}<\dfrac{10}{10}$

따라서 $\square$ 안에 들어갈 수 있는 수는 11, 12, 13, 14, 15, 16, 17이고, 이들의 합은 98입니다.

18 ① 도$-$미 : $\dfrac{264}{330}=\dfrac{4}{5}$ (○)

② 미$-$솔 : $\dfrac{330}{396}=\dfrac{5}{6}$ (○)

③ 파―시 : $\dfrac{352}{495}=\dfrac{32}{45}$ (×)

④ 솔―(높은)도 : $\dfrac{396}{528}=\dfrac{3}{4}$ (○)

⑤ 파―(높은)도 : $\dfrac{352}{528}=\dfrac{2}{3}$ (○)

19 축구와 농구를 모두 좋아하지 않는 학생이 전체
의 $\dfrac{3}{10}$ 이므로 축구와 농구 둘 중 적어도 하나를

좋아하는 학생은 전체의 $\dfrac{7}{10}$ 입니다.

축구와 농구를 좋아하는 학생은 전체의

$\dfrac{9}{16}+\dfrac{7}{20}=\dfrac{45}{80}+\dfrac{28}{80}=\dfrac{73}{80}$ 이므로

축구와 농구를 모두 좋아하는 학생은

$\dfrac{73}{80}-\dfrac{7}{10}=\dfrac{73-56}{80}=\dfrac{17}{80}$ 입니다.

➡ $80+17=97$

20 자연수 부분의 덧셈과 뺄셈을 어림하여 봅니다.

21 $450\,\text{m}=45000\,\text{cm}$이므로

$45000\div250\times(3200\div4)$

$=180\times800=144000$(원)입니다.

$\square=144000$이므로

$\square\div1000=144000\div1000=144$입니다.

22

㉠은 32와 72의 공약수,
㉡은 72와 36의 공약수,
㉢은 32와 36의 공약수가 되
어야 합니다.

따라서 ㉠$=8$, ㉡$=9$, ㉢$=4$이므로 주사위의
개수는 모두 $8\times9\times4=288$(개)입니다.

23 형이 15분 동안 간 거리는 $55\times15=825\,(\text{m})$
이고 한별이는 형보다 1분에

$220-55=165\,(\text{m})$를 더 갈 수 있습니다.

따라서 한별이는 출발한지 $825\div165=5$(분)
후에 형과 만납니다.

24 두 분수를 $\dfrac{\bullet}{9}$와 $\dfrac{\bigstar}{5}$이라 생각하면 $\bullet>\bigstar$이

고 $\bullet+\bigstar=6$, $\bullet-\bigstar=2$가 됩니다.

이 조건을 모두 만족하는 경우는 $\bullet=4$, $\bigstar=2$
일 때입니다.

$\dfrac{4}{9}+\dfrac{2}{5}=\dfrac{20}{45}+\dfrac{18}{45}=\dfrac{38}{45}$,

㉠$+$㉡$=45+38=83$

25 16의 약수 1, 2, 4, 8, 16 중에서 합이 13이 되
는 세 수는 1, 4, 8이므로

$\dfrac{13}{16}=\dfrac{1}{16}+\dfrac{4}{16}+\dfrac{8}{16}=\dfrac{1}{16}+\dfrac{1}{4}+\dfrac{1}{2}$입니다.

따라서 16, 4, 2 중에서 가장 작은 수는 2입니다.

26 $\boxed{㉠}\boxed{}+\boxed{㉡}\boxed{}\div\boxed{㉢}$에서 나누는 수 ㉢은 가
장 작은 수이고 ㉠과 ㉡자리에는 큰 숫자가 놓
여야 계산한 값이 커집니다.

$94+86\div2=94+43=137$

$96+84\div2=96+42=138$

$84+96\div2=84+48=132$

$86+94\div2=86+47=133$

따라서 계산한 값이 가장 큰 값은 138입니다.

27 ㄱ$=25\times$㉠, ㄴ$=25\times$㉡이라 하면,

$25\,)\,\overline{25\times㉠\quad 25\times㉡}$
$\qquad\quad ㉠\qquad\quad ㉡$

➡ $25\times㉠\times㉡=250$, ㉠$\times$㉡$=10$

① ㉠$=10$, ㉡$=1$일 때, ㄱ$=250$, ㄴ$=25$
이므로 조건에 맞는 ㄷ은 없습니다.

② ㉠$=5$, ㉡$=2$일 때, ㄱ$=125$, ㄴ$=50$,
ㄷ$=10$입니다.

따라서 자연수 ㄱ은 125입니다.

28 분자는 (2), $(2, 3)$, $(2, 3, 4)$, $(2, 3, 4, 5)$,
$\cdots$이고 분모는 (2), $(4, 3)$, $(6, 5, 4)$,
$(8, 7, 6, 5)$, $\cdots$이므로

각 $(\ \ )$의 끝 수는 $\dfrac{2}{2}$, $\dfrac{3}{3}$, $\dfrac{4}{4}$, $\dfrac{5}{5}$ 등으로 크기
가 1과 같습니다.

2부터 시작하여 10이 되려면 $(\ \ )$가
$10-1=9$(개) 나와야 하므로

$1+2+3+\cdots+7+8+9=45$(번째) 수입니다.

29 자연수 부분이 4일 때 : 13개
자연수 부분이 5일 때 : 11개
자연수 부분이 6일 때 : 14개

➡ $13+11+14=38$(개)

30 $12\dfrac{3}{5}-12\dfrac{1}{2}=\dfrac{1}{10}$을 5칸으로 나누었으므로

1칸은 $\dfrac{1}{10}\times\dfrac{1}{5}=\dfrac{1}{50}$입니다.

점 ㉠는 $12\frac{1}{2}+\frac{2}{50}=12\frac{27}{50}$ 과

$12\frac{1}{2}+\frac{3}{50}=12\frac{28}{50}$ 사이에 있는 수인데

$\frac{1}{50}$ 을 다시 7칸으로 나누었으므로 1칸은

$\frac{1}{50}\times\frac{1}{7}=\frac{1}{350}$ 이 됩니다.

따라서 점 ㉠의 위치는

$12\frac{27}{50}+\frac{5}{350}=12\frac{97}{175}$ 입니다.

➡ ㉠－㉡＝175－97＝78

② 회 98~107쪽

01 64	02 ③	03 17
04 182	05 5	06 ②
07 11	08 140	09 17
10 1	11 15	12 700
13 2	14 36	15 32
16 54	17 ①	18 18
19 5	20 40	21 12
22 121	23 76	24 29
25 11	26 129	27 14
28 166	29 18	30 16

01 $14\times6+\square\div4=100$
$84+\square\div4=100$
$\square\div4=100-84=16$
$\square=16\times4=64$

02 $15+24\div3+5=28$ 이므로 ○ 안에 차례로
＋, ÷를 써넣어야 합니다.

03 3과 5의 공배수 중 가장 작은 두 자리 수를 구
해서 2를 더하면 됩니다.
3과 5의 최소공배수가 15이므로 15＋2＝17입
니다.

04 2)52 78   최대공약수 : 2×13＝26
13)26 39   최소공배수 : 2×13×2×3
      2 3   ＝156
따라서 26＋156＝182입니다.

05 두 수 사이의 대응 관계를 식으로 나타내면
▲＝■×3＋2입니다.
따라서 ㉠＝3, ㉡＝2이므로 ㉠과 ㉡의 합은
5입니다.

06 1회 올림픽이 열린 후 4년마다 올림픽이 개최
되었으므로 20회 올림픽은 4년씩 19번이 지난
4×19＝76(년) 후입니다.
즉, 20회 올림픽이 열린 연도는
1896＋76＝1972(년)입니다.

07 $\frac{2\times5}{3\times5}<\frac{\square}{15}<\frac{4\times3}{5\times3}$, $\frac{15}{10}<\frac{\square}{15}<\frac{12}{15}$
따라서 10＜□＜12이므로 □ 안에 들어갈 수
있는 자연수는 11입니다.

08 14와 35의 공배수는 70, 140, 210, …입니다.
따라서 공통분모가 될 수 있는 가장 작은 세 자
리 수는 140입니다.

09 $5-1\frac{5}{7}-2\frac{4}{5}=\left(4\frac{7}{7}-1\frac{5}{7}\right)-2\frac{4}{5}$
$=3\frac{2}{7}-2\frac{4}{5}$
$=2\frac{45}{35}-2\frac{28}{35}=\frac{17}{35}$
따라서 □ 안에 알맞은 수는 17입니다.

10 $\frac{㉠\times3}{12}+\frac{㉡\times2}{12}=\frac{12}{12}$
➡ ㉠×3＋㉡×2＝12
따라서 ㉠＝2, ㉡＝3이므로 ㉠과 ㉡의 차는
3－2＝1입니다.

11 $12\times(8+6)-100=(32-\square)\times(32\div8)$
$68=(32-\square)\times4$
$32-\square=68\div4=17$
$\square=32-17=15$

12 $10000-(\square\times7+1200\times4)=300$
$\square\times7+4800=10000-300=9700$
$\square\times7=9700-4800=4900$
$\square=4900\div7=700(원)$

13 처음에 맞물려 있던 톱니가 다시 같은 자리에
올 때는 움직인 톱니 수가 ㉠는 24의 배수이고
㉡는 36의 배수일 때입니다.

24와 36의 최소공배수는 72이므로 ㉯는 최소
72÷36＝2(바퀴)를 돌아야 합니다.

14 75에서 3을 뺀 수와 113에서 5를 뺀 수는 모두
어떤 수로 나누어떨어집니다.
즉, (75－3), (113－5)의 약수 중 가장 큰 수
이므로 두 수의 최대공약수를 구합니다.
따라서 72와 108의 최대공약수는 36입니다.

15 ㉮
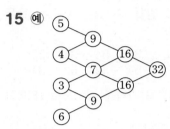

보기의 규칙은 두 수를 더하는 것입니다. ㉯에
가장 작은 수가 오려면 더하는 두 수가 가장 작
도록 놓아야 합니다.
따라서 위와 같이 놓아 보면, ㉯에 올 수 있는
가장 작은 수는 32입니다.

16 1＋3＋5＋7＋9＋11＝36이므로 한 변이
3 cm인 정삼각형의 개수가 36개일 때 가장 큰
정삼각형의 한 변의 길이는 3×6＝18(cm)입니
다.
따라서 가장 큰 정삼각형의 세 변의 길이의 합
은 18×3＝54(cm)입니다.

17 용희 : $4\frac{7}{12}$ m, 영수 : $4\frac{1}{6}$ m, 한초 : 4m,
석기 : $4\frac{2}{9}$ m, 예슬 : $4\frac{1}{2}$ m
$4\frac{7}{12}$＞$4\frac{1}{2}$＞$4\frac{2}{9}$＞$4\frac{1}{6}$＞4이므로 가장 긴 색
테이프를 가지고 있는 학생은 용희입니다.

18 $\frac{24}{56}=\frac{24-\square}{56-42}=\frac{24-\square}{14}$에서 분모를 비교하
면 56÷4＝14이므로
분자 24－□는 24÷4＝6과 같습니다.
따라서 24－□＝6, □＝18입니다.

19 분모가 같으므로 작은 분수의 분자는 합이 20
이고, 차가 4인 두 수 중 작은 수입니다.

작은 수 ├─────────┤
큰 수 ├───────────┤ ⌐4┐│20

(작은 수)＝(20－4)÷2＝8
(큰 수)＝8＋4＝12
따라서 작은 분수는 $\frac{8}{13}$이므로 13－8＝5입니다.

20 물통의 들이를 1이라고 하면 1분당 채우는 양은
㉮수도관은 $\frac{1}{30}$, ㉯수도관은 $\frac{1}{24}$,
㉮＋㉯＋㉰ 수도관은 $\frac{1}{10}$이므로
㉰수도관은 $\frac{1}{10}-\left(\frac{1}{30}+\frac{1}{24}\right)=\frac{1}{40}$입니다.
따라서 ㉰수도관만 사용하여 물통을 채우는 데
는 40분이 걸립니다.

21 ㉠ 24＞4×□에서 □ 안에 들어갈 수 있는 자
연수는 1~5이고
㉡ 84＜32×□에서 □ 안에 들어갈 수 있는
자연수는 3, 4, 5, …이므로
공통으로 들어갈 수 있는 자연수는 3, 4, 5입니다.
➡ 3＋4＋5＝12

22 약수의 개수가 나오는 규칙을 알아보면 다음과
같습니다.
2 ➡ 1, 2 (2개)　　　　3 ➡ 1, 3 (2개)
4 ➡ 1, 2, 4 (3개)　　　5 ➡ 1, 5 (2개)
6 ➡ 1, 2, 3, 6 (4개)　　7 ➡ 1, 7 (2개)
8 ➡ 1, 2, 4, 8 (4개)　　9 ➡ 1, 3, 9 (3개)
　　　⋮　　　　　　　　　　⋮
따라서 약수의 개수가 3개인 수는 약수의 개수
가 2개인 수를 2번 곱해서 나온 수입니다.
2×2＝4, 3×3＝9, 5×5＝25, 7×7＝49,
11×11＝121, …
따라서 약수의 개수가 3개인 수 중에서 가장 작
은 세 자리 수는 121입니다.

23 오른쪽 그림과 같이 한 번 자
르면 두 도막이 되므로 10도막
으로 자르려면 9번 잘라야 합
니다.
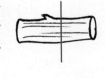

회	1	2	3	4	5	6	7	8	9
톱	㉮	㉯	㉮	㉯	㉮	㉯	㉮	㉯	㉮

㉮는 5회, ㉯는 4회이므로

$5 \times 8 + 4 \times 9 = 76$(분) 걸립니다.

24 $50 = 2 \times 5 \times 5$이므로 분자가 2, 5의 배수이면 약분할 수 있습니다.

50보다 작은 2의 배수는 24개, 5의 배수는 9개, 2와 5의 공배수는 4개입니다.

따라서 분모가 50인 진분수 중에서 약분할 수 있는 분수는 $24 + 9 - 4 = 29$(개)입니다.

25 세 진분수의 합은 $\frac{26}{13}$이고, 분자의 크기만 비교해 보면 다음과 같습니다.

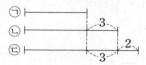

$\bigcirc = (26 - 8) \div 3 = 6$, $\bigcirc = 6 + 3 = 9$,
$\bigcirc = 9 + 2 = 11$

따라서 가장 큰 진분수는 $\frac{11}{13}$이므로 분자는 11입니다.

26 계산 결과를 크게 하려면 큰 수 사이에는 + 또는 ×를 써넣고 작은 수 사이에는 − 또는 ÷를 써넣습니다.

계산 결과가 자연수가 되어야 하므로 $9 \div 3$이 되도록 합니다.

$(7 + 5) \times 11 - 9 \div 3 = 129$

27 두 수를 각각 $7 \times \bigcirc$, $7 \times \triangle$라 하면
$7 \times \bigcirc \times 7 \times \triangle = 7007$, $\bigcirc \times \triangle = 143$이고,
두 수는 모두 7이 아니므로 $(\bigcirc, \triangle)$는
$(11, 13)$ 또는 $(13, 11)$입니다.

따라서 두 수는 $7 \times 11 = 77$, $7 \times 13 = 91$이고,
차는 $91 - 77 = 14$입니다.

28 5행을 정리하면 다음과 같습니다.

	1열	2열	3열	4열	5열
1행					25
2행					24
3행					23
4행					22
5행	17 →	18 →	19 →	20 →	21

1행의 홀수열의 수는 다음과 같습니다.

1열 3열 5열 ⋯
 1   9   25
1×1 3×3 5×5

따라서 1행 13열의 수는 $13 \times 13 = 169$이고,
4행 13열의 수는 3 작은 수이므로 $169 - 3 = 166$입니다.

29 4장의 숫자 카드로 만들 수 있는 분수는 모두 24개입니다.

이중 약분되는 분수가 $\frac{32}{54}$, $\frac{54}{32}$, $\frac{34}{52}$, $\frac{52}{34}$,

$\frac{35}{42}$, $\frac{42}{35}$의 6개이므로 기약분수는 모두 18개입니다.

30 $\frac{\bigcirc}{\bigcirc}$의 값이 가장 작으려면 가장 작은 분수를 더해야 합니다. 분모가 두 자리 수인 분수 중에서

가장 작은 분수는 $\frac{1}{99}$이므로

$\frac{4}{9} + \frac{1}{99} = \frac{44}{99} + \frac{1}{99} = \frac{45}{99} = \frac{5}{11}$입니다.

따라서 $\bigcirc + \bigcirc = 11 + 5 = 16$입니다.

Memo

Memo

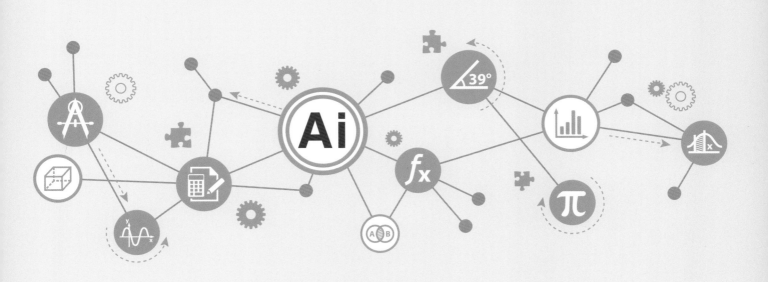

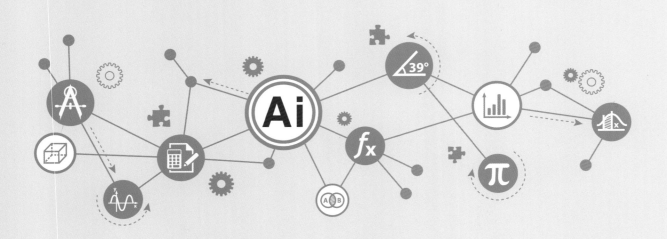